今すぐ使えるかんたん mini

SONY ソニー

α7C II 完全撮影マニュアル

Full-frame Interchangeable Lens Camera with 33MP CMOS image sensor

JN077714

技術評論社

有効最大約3300万画素の35mmフルサイズ裏面照射型CMOSセンサー「Exmor R」

裏面照射型の有効最大約3300万画素のセンサーを搭載したα7C IIにII型になったGマスターのFE 16-35mm F2.8 GM IIを組み合わせて滝を撮影。引きで撮影しているにもかかわらず、画面の隅々まで高精細な写真を撮ることができた。

DATA

モード M　絞り F8　シャッター 46秒　ISO 125　WB オート
露出補正 ±0　焦点距離 26mm　レンズ FE 16-35mm F2.8 GM II

AIプロセッシングユニットで
被写体認識AFの性能アップ(AI AF)

α7C IIは、専用のAIプロセッシングユニットを搭載することで、被写体認識AFの精度がアップ。メジロをこれくらいの大きさでとらえても、確実に認識・合焦してくれた。

DATA

モード M　絞り F6.3　シャッター 1/1000秒　ISO 5000　WB オート
露出補正 ±0　焦点距離 600mm　レンズ FE 200-600mm F5.6-6.3 G OSS

認識対象には新たに「車/列車」が選択肢に入った。これくらいの撮影距離であれば、認識しないことはちょっと考えにくいほどの確実性があるので、「AF時の被写体認識」は常時「入」でもOKだ。

DATA

モード M　絞り F4　シャッター 1/1000秒　ISO 1600　WB オート
露出補正 ±0　焦点距離 200mm　レンズ FE 70-200mm F4 Macro G OSS II

被写体認識AFで昆虫や飛行機も認識

新たに飛行機も、被写体認識AFの認識対象に加わった。着陸直前のシーンをななめ後ろから狙ったが、このような角度でも間違いなく認識・合焦してくれた。

DATA

モード M 絞り F5.6 シャッター 1/2000秒 ISO 500 WB オート
露出補正 ±0 焦点距離 105mm レンズ FE 70-200mm F4 Macro G OSS II

AF時の絞り駆動に「フォーカス優先」搭載

ピントの精度とスピードを上げるために、AF時の絞り駆動を「フォーカス優先」に設定して飛んでいるウミネコを撮影。絞りの駆動音もほとんどしないので、ほとんどすべての撮影時はこの設定にしている。

DATA

モード M 絞り F5.6 シャッター 1/2000秒 ISO 500 WB オート
露出補正 ±0 焦点距離 200mm レンズ FE 70-200mm F4 Macro G OSS II

夜景は動きがゆっくりなこともあって、ピント合わせは通常、マニュアルフォーカスで拡大して合わせている。テストする意味でAF時の絞り駆動を「フォーカス優先」に設定してAFで撮影したが、意図通りのところに確実にピントを合わせてくれた。

DATA

モード M 絞り F8 シャッター 15秒 ISO 200 WB オート
露出補正 ±0 焦点距離 46mm レンズ FE 24-105mm F4 G OSS

ボディ・レンズ協調制御で手ブレ補正が7段に向上

ボディ・レンズ協調制御対応レンズのFE 70-200mm F4 Macro G OSS IIをつけて、シャッタースピードを1/4秒で手持ち撮影した。手ブレ補正が強力なので、コンパクトなボディの機動力を生かして、手持ちでさくさく撮ることができる。

DATA

モード M　絞り F11　シャッター 1/4秒　ISO 125　WB オート
露出補正 ±0　焦点距離 70mm　レンズ FE 70-200mm F4 Macro G OSS II

動画撮影で自動クロップする「オートフレーミング」

三脚でカメラ位置を固定して、「オートフレーミング」で撮影することで、あたかもカメラを振りながら撮影したかのようになる。階段を降りてきていることがわかるように、クロップレベルは「小」に設定した。

カスタム設定 ▸ 記録方式 XAVC HS 4K　記録フレームレート 24p

DATA

モード M　絞り F8　シャッター 1/50秒　ISO 800　WB オート
露出補正 ±0　レンズ FE 70-200mm F4 Macro G OSS II

すしを食べる前のうれしそうな表情を手持ちで撮影した。「オートフレーミング」に設定することで、単焦点レンズでもズームアップしたかのように撮ることができた。

カスタム設定 ▸ 記録方式 XAVC HS 4K　記録フレームレート 24p

DATA

モード M　絞り F5.6　シャッター 1/50秒　ISO 125　WB オート
露出補正 ±0　レンズ FE 35mm F1.4 GM

CONTENTS

第1章 α7C IIの基本

SECTION 01 **α7C IIの各部名称** …… 16
ボタンの配置と名称

SECTION 02 **撮影前の準備** …… 18
バッテリーと充電機能 ▶ メモリーカードの初期化 ▶ 使用できるメモリーカード

SECTION 03 **記録画質とファイルフォーマット** …… 20
ファイル形式のバリエーション ▶ JPEG／HEIFの画質
▶ JPEG／HEIF画像サイズの設定 ▶ RAW記録方式

SECTION 04 **ファインダーの操作** …… 22
ファインダー表示と各名称 ▶ ファインダーの表示設定

SECTION 05 **モニターの操作** …… 24
モニター表示と各名称 ▶ モニターの表示設定

SECTION 06 **画像の再生と削除** …… 26
画像の拡大表示 ▶ 画像の一覧表示 ▶ 画像の削除

SECTION 07 **構図に関する設定** …… 28
グリッドラインの種類と構図法 ▶ 水平を出す ▶ マーカー表示の設定（動画）

SECTION 08 **画角に関する設定** …… 30
アスペクト比の変更 ▶ APS-C S35mm（Super35mm）撮影 ▶ 縦位置撮影

SECTION 09 **手ブレ補正の設定（ボディ／レンズ）** …… 32
手ブレ補正の使い分け ▶ レンズの手ブレ補正機能 ▶ レンズ協調制御

SECTION 10 **電子音／タッチ操作の設定** …… 34
電子音の有無の設定 ▶ サイレントモードの設定 ▶ タッチ操作の有効・無効の設定
▶タッチパネル／タッチパッドの設定

SECTION 11 **バッテリー消費を抑える設定** …… 36
画面関連の設定 ▶ フォーカスモードの設定 ▶ 予備バッテリーの準備

Column **メニューの操作** …… 38

第2章 フォーカス機能

SECTION 01 フォーカスモード …… 40
各モードの種類 ▶ DMFでの撮影 ▶ AF-Cでの撮影

SECTION 02 フォーカスエリア …… 42
各エリアの特徴 ▶ フォーカスエリアの登録

SECTION 03 トラッキング …… 44
トラッキングの設定 ▶ フォーカスエリアでのトラッキング撮影

SECTION 04 フォーカス機能の組み合わせ(AF-S) …… 46
AF-S×ワイド ▶ AF-S×スポット

SECTION 05 フォーカス機能の組み合わせ(AF-C) …… 48
AF-C×ワイド ▶ AF-C×ゾーン

SECTION 06 AF-ONボタン(親指AF) …… 50
親指AF ▶ AF-ONボタンが効果的なシーン

SECTION 07 フォーカスホールド …… 52
シャッター半押しでフォーカスを固定 ▶ フォーカスホールド機能でフォーカスを固定

SECTION 08 フォーカス機能の設定 …… 54
AF-SとAF-Cの優先設定の変更 ▶ ピント拡大時のAF利用 ▶ AF時の絞り駆動の設定

SECTION 09 被写体認識AFの基本 …… 56
被写体認識AFとは ▶ 認識対象切換の設定

SECTION 10 被写体認識AFの詳細設定 …… 58
トラッキング乗り移り範囲の設定 ▶ トラッキング維持特性の設定 ▶ 認識感度の設定
▶ 認識の優先設定 ▶ 認識部位の設定 ▶ 認識部位切換設定 ▶ 瞳にピントを合わせる
▶ 被写体認識枠表示設定

SECTION 11 被写体認識AFの撮影(基本編) …… 62
人物の撮影 ▶ 動物／鳥の撮影 ▶ 昆虫の撮影 ▶ 車／列車の撮影 ▶ 飛行機の撮影

SECTION 12 被写体認識AFの撮影(応用編) …… 66
動く人物の撮影 ▶ 認識部位切換で野鳥を撮影 ▶ 動く列車を撮影

SECTION 13 タッチフォーカス／タッチシャッター …… 68
タッチフォーカスの設定 ▶ タッチシャッター撮影

SECTION 14 マニュアルフォーカス機能 …… 70
ピント拡大の活用 ▶ ピーキングレベル／ピーキング色機能 ▶ AF／MF切換

第3章 露出機能

SECTION 01 露出モードの設定 …… 74
露出モードの設定 ▶ プログラムオートで撮影

SECTION 02 絞り優先（Aモード） …… 76
絞り優先の設定 ▶ 背景をぼかす撮影 ▶ パンフォーカス撮影

SECTION 03 シャッタースピード優先（Sモード） …… 78
シャッタースピード優先の設定 ▶ 高速シャッターで撮影 ▶ 低速シャッターで撮影

SECTION 04 露出補正 …… 80
プラス補正とマイナス補正 ▶ ハイキー・ローキーで撮る

SECTION 05 ISO感度 …… 82
ISO感度の目安 ▶ ISO AUTOの詳細設定

SECTION 06 測光モード …… 84
測光モードの種類 ▶ 測光モードの使い分け

SECTION 07 測光モードの詳細設定 …… 86
露出基準調整 ▶ マルチ測光時の顔優先 ▶ スポット測光位置とフォーカスエリア

SECTION 08 マニュアル露出／バルブ撮影 …… 88
マニュアル露出とISO設定 ▶ ゼブラ表示で白とびを確認 ▶ バルブ撮影

第4章 交換レンズ

SECTION 01 標準ズームレンズ …… 92
標準ズームレンズの効果 ▶ 動画撮影 ▶ 露光間ズーム

SECTION 02 広角ズームレンズ …… 94
広角ズームレンズの効果 ▶ 超広角レンズの効果

SECTION 03 望遠ズームレンズ …… 96
望遠ズームレンズの効果 ▶ 超望遠ズームレンズの効果

SECTION 04 単焦点レンズ …… 98
単焦点レンズの効果 ▶ マクロレンズの効果

Column Eマウントレンズの読み方 …… 100

第5章 カスタマイズ

SECTION 01 ボタンへの機能割り当て …… 102
カスタムキーの設定方法 ▶ マイダイヤルの設定

SECTION 02 おすすめのボタン割り当て …… 104
上面のボタンの割り当て ▶ 背面のボタンの割り当て

SECTION 03 カスタム撮影設定 …… 106
カスタム撮影設定の登録 ▶ カスタム撮影設定の呼び出し

SECTION 04 被写体別おすすめカスタム撮影設定 …… 108
モードダイヤルへの登録 ▶ 野鳥撮影のカスタム撮影設定
▶ スポーツ撮影のカスタム撮影設定 ▶ 風景撮影のカスタム撮影設定
▶ ポートレート撮影のカスタム撮影設定 ▶ 夜景撮影のカスタム撮影設定
▶ 静物撮影のカスタム撮影設定

SECTION 05 Fnボタンの機能設定 …… 112
Fnボタンの設定方法 ▶ おすすめのカスタマイズ(静止画) ▶ おすすめのカスタマイズ(動画)

第6章 ホワイトバランスと色設定

SECTION 01 ホワイトバランス …… 116
ホワイトバランスの設定 ▶ カスタムセット

SECTION 02 ホワイトバランスの詳細設定 …… 118
色温度による設定 ▶ カラーフィルター

SECTION 03 クリエイティブルック …… 120
クリエイティブルックの設定 ▶ 10種類のプリセットの撮影 ▶ 8種類の調整機能

SECTION 04 美肌効果 …… 124
美肌効果の設定 ▶ 美肌効果による撮影

SECTION 05 Dレンジオプティマイザー …… 126
暗所でのDレンジオプティマイザーの活用 ▶ Dレンジオプティマイザーオフでの撮影

Column 外部フラッシュを色表現に活用する …… 128

第7章 特殊撮影

SECTION 01 連続撮影 …… 130
Hi+/Hi/Mid/LOの使い分け ▶ フォーカスエリア登録と連続撮影

SECTION 02 セルフタイマー …… 132
セルフタイマーの設定 ▶ セルフタイマーによる連写撮影 ▶ セルフタイマーの効果

SECTION 03 ブラケット撮影 …… 134
連続ブラケット/1枚ブラケット ▶ ホワイトバランスブラケット ▶ DROブラケット

SECTION 04 サイレント撮影 …… 136
サイレントモードの設定 ▶ 電子シャッターの連続撮影 ▶ セルフタイマーとの組み合わせ

SECTION 05 フリッカーレス撮影 …… 138
フリッカーレス撮影の設定 ▶ フリッカーレス撮影例 ▶ 高分解シャッターの設定
▶ 高分解シャッターの撮影例

SECTION 06 超解像ズーム …… 142
ズーム範囲の設定 ▶ ズーム設定で撮影

SECTION 07 外部フラッシュの制御 …… 144
外部フラッシュの設定 ▶ フラッシュで撮影 ▶ 日中シンクロ

第8章 動画撮影

SECTION 01 動画撮影の基本設定 148
記録方式・記録設定の使い分け ▶ Log／S-Logとは ▶ ピクチャープロファイル ▶ ガンマ表示アシスト

SECTION 02 さまざまな動画撮影 152
4K動画の撮影 ▶ 被写体認識AFで動物を撮影 ▶ フォーカス時のブリージング補正 ▶ アクティブモードによる手ブレ補正 ▶ フォーカスマップで撮影 ▶ AF中のピーキングで撮影

SECTION 03 オートフレーミングを活用する 158
オートフレーミングとは ▶ オートフレーミングによる撮影

SECTION 04 S-Cinetone 160
S-Cinetoneの特徴 ▶ S-Cinetoneによる撮影

SECTION 05 スロー&クイックモーション動画 162
スロー&クイックモーション ▶ フレームレートと再生速度

SECTION 06 バリアングルモニターの活用 164
バリアングルモニターの使いどころ ▶ バリアングルモニターで撮影

SECTION 07 動画撮影機能の詳細設定 166
AFトランジション速度とAF乗り移り感度 ▶ 動画撮影時の便利機能の活用

Column インターバル撮影 168

第9章 ソフトウェア

SECTION 01 **Creators' Appでスマートフォンと連携する** …… 170
Creators' Appをインストールする ▶ カメラとスマートフォンを接続する ▶ カメラの画像をスマートフォンに転送する ▶ スマートフォンでカメラのシャッターを切る ▶ Creators' Cloudに画像をアップする

SECTION 02 **Imaging Edge Desktop** …… 174
Imaging Edge Desktopをインストールする ▶ Imaging Edge Desktopでできること ▶ Imaging Edge DesktopでRAW現像する ▶ 構図調整 ▶ フォーカス調整

SECTION 03 **Master Cut(Beta)で動画を編集する** …… 178
Master Cut(Beta)をダウンロードする ▶ 動画を編集する

付録1 **メニュー画面一覧** …… 180

付録2 **本体ソフトウェアのアップデート** …… 188

索引 …… 190

ご注意 ご購入・ご利用の前に必ずお読みください

- 本書はソニー製デジタル一眼カメラ「α7C II」の撮影方法を解説したものです。本書の情報は、2024年5月現在のものです。一部記載表示額や情報などが変わっている場合があります。あらかじめご了承ください。
- 本書に記載された内容は、情報の提供のみを目的としています。したがって、本書を用いた運用は、必ずお客様自身の責任と判断によって行ってください。これらの情報の運用について、技術評論社および著者はいかなる責任も負いません。

以上の注意点をご承諾いただいた上で、本書をご利用願います。これらの注意事項をお読みいただかずにお問い合せいただいても、技術評論社および著者は対処しかねます。あらかじめ、ご承知おきください。

■ ソニーおよびα7C IIは、ソニー株式会社の登録商標です。その他、ソニー製品の名称、サービス名称等はソニーの商標または登録商標です。その他の製品等の名称は、一般に各社の商標または登録商標です。本文中ではTM、®マークは明記していません。

第1章

α7C IIの基本

SECTION 01 α7C IIの各部名称
SECTION 02 撮影前の準備
SECTION 03 記録画質とファイルフォーマット
SECTION 04 ファインダーの操作
SECTION 05 モニターの操作
SECTION 06 画像の再生と削除
SECTION 07 構図に関する設定
SECTION 08 画角に関する設定
SECTION 09 手ブレ補正の設定（ボディ／レンズ）
SECTION 10 電子音／タッチ操作の設定
SECTION 11 バッテリー消費を抑える設定

SECTION 01

α7C IIの各部名称

KEYWORD ▶ 各部名称

1 ボタンの配置と名称

α7C IIのボディには、たくさんの機能が搭載されている。使いこなすために、まずはボディに配置された各ボタン、ダイヤルの名称を把握しておこう。

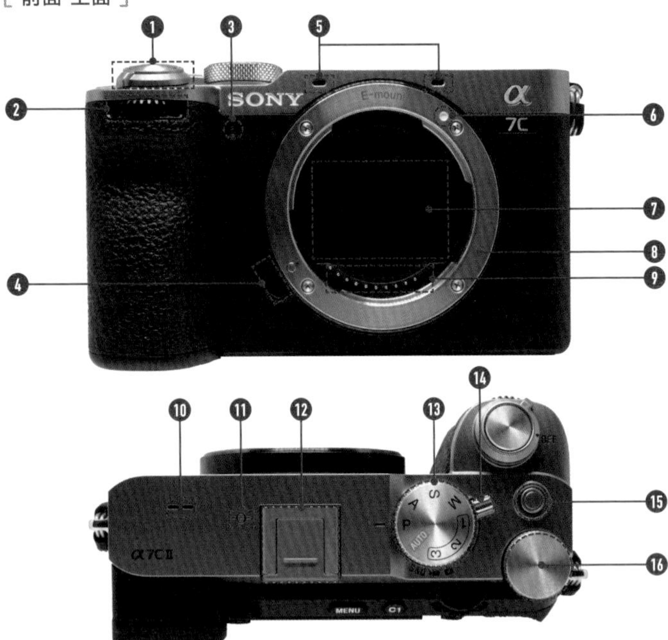

❶ シャッターボタン／ON/OFF（電源）スイッチ
❷ 前ダイヤル
❸ セルフタイマーランプ/AF補助光発光部
❹ レンズ取りはずしボタン
❺ 内蔵マイク
❻ マウント標点
❼ イメージセンサー
❽ マウント
❾ レンズ信号接点
❿ スピーカー
⓫ ⊖イメージセンサー位置表示
⓬ マルチインターフェースシュー
⓭ モードダイヤル
⓮ 静止画/動画/S&Q切換ダイヤル
⓯ MOVIE（動画）ボタン
⓰ 後ダイヤルR

[背面]

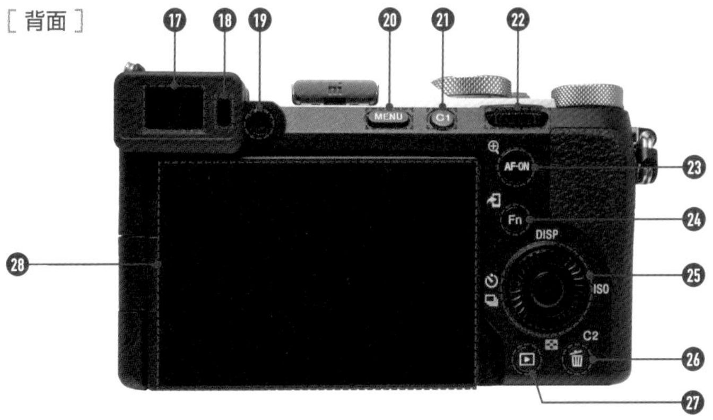

⑰ ファインダー
⑱ アイセンサー
⑲ 視度調整ダイヤル
⑳ MENU（メニュー）ボタン
㉑ C1ボタン（カスタムボタン1）
㉒ 後ダイヤルL
㉓ 撮影時：AF-ON（AFオン）ボタン
　再生時：⊕（拡大）ボタン
㉔ 撮影時：Fn（ファンクション）ボタン
　再生時：⇦（スマートフォン転送）ボタン
㉕ コントロールホイール
㉖ 撮影時：C2ボタン（カスタムボタン2）
　再生時：🗑（削除）ボタン
㉗ ▶（再生）ボタン
㉘ モニター（タッチ操作時：タッチパネル/タッチパッド）

[側面]

[底面]

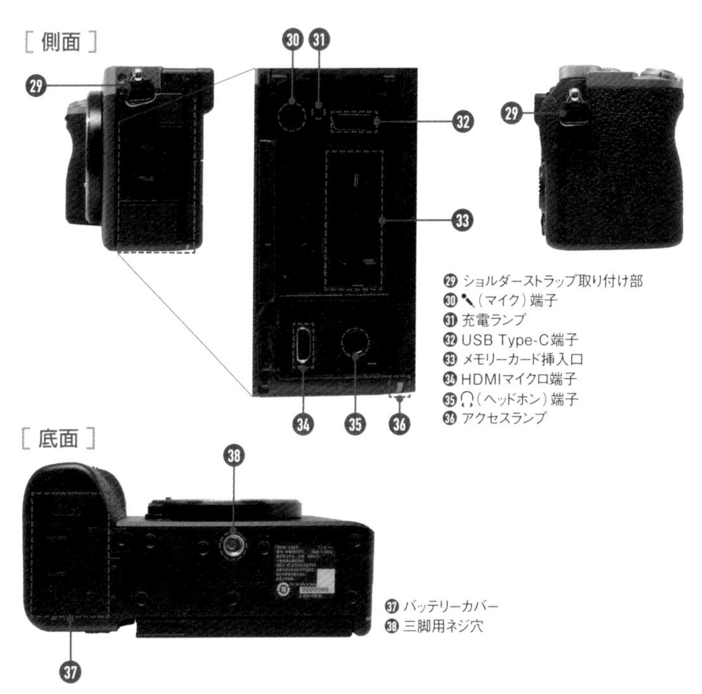

㉙ ショルダーストラップ取り付け部
㉚ 🎤（マイク）端子
㉛ 充電ランプ
㉜ USB Type-C端子
㉝ メモリーカード挿入口
㉞ HDMIマイクロ端子
㉟ 🎧（ヘッドホン）端子
㊱ アクセスランプ

㊲ バッテリーカバー
㊳ 三脚用ネジ穴

SECTION 02 撮影前の準備

KEYWORD ▶ バッテリー ▶ メモリーカード ▶ アンチダスト

1 バッテリーと充電機能

カメラを購入したら、まず使用前にバッテリーを充電する必要がある。充電はバッテリーをカメラ本体に入れ、電源を切った状態で行う。別売りのACアダプターとUSBケーブルでつないで、コンセントに差し込むと、容量が空の状態から約255分で充電が完了する。モバイルバッテリーとつないで充電することも可能だ(→P.37)。

［ 準備手続 ］

バッテリーカバーを開け、バッテリーがロックされるまで押し込み、カバーを閉じる。

カメラとACアダプターをUSBケーブルでつなぎ、ACアダプターをコンセントに差し込んで充電する。

2 メモリーカードの初期化

初めて使用するメモリーカードは初期化してからカメラにセットするようにしよう。初期化の際はメモリーカード内のデータが消去されるため、必ず必要なデータがないか確認してから初期化を行うとよい。

［ 設定方法 ］

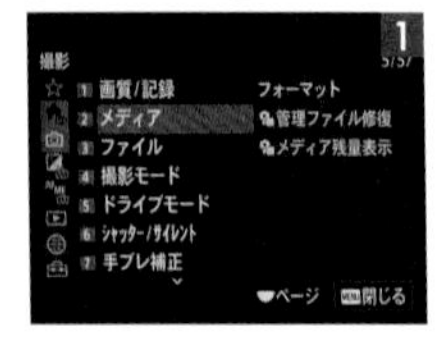

MENUボタンを押してメニュー画面を表示し、📷(撮影)から[メディア]を選択する。

[フォーマット]を選択する。

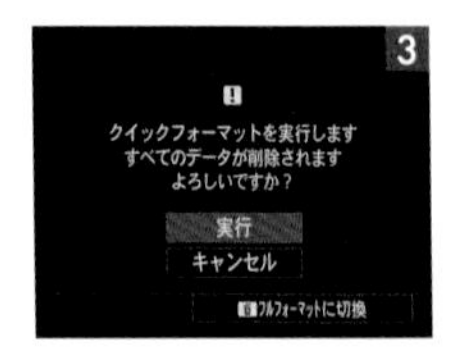

[実行]を選択する。

撮影準備

3 使用できるメモリーカード

α7C IIは、UHS-II規格のメモリーカードに対応している。メモリーカードは別売りになるので、事前に購入しておこう。α7C IIの静止画撮影ではSD、SDHC、SDXCが使用できる。注意したいのは動画撮影時で、記録方式によってはメモリーカードが対応していないものがある。4K動画を積極的に撮影したい場合はメモリーカードのスピードクラスを確認してから購入するとよいだろう。

[動画対応メモリーカード] ※プロキシー記録が[切]のときに使用できるメモリーカード

動画モード	記録方式	使用できるメモリーカード
動画撮影	XAVC HS 4K	SDHC、SDXCカード(U3以上)
	XAVC S 4K	
	XAVC S HD	
	XAVC S-I 4K	SDXCカード(V90以上)
	XAVC S-I HD	
スロー&クイックモーション撮影	XAVC HS 4K	SDXCカード(V60以上)
	XAVC S 4K	
	XAVC S HD	
	XAVC S-I 4K	SDXCカード(V90以上)
	XAVC S-I HD	
タイムラプス撮影	XAVC HS 4K	SDHC、SDXCカード(U3以上)
	XAVC S 4K	
	XAVC S HD	
	XAVC S-I 4K	SDXCカード(V90以上)
	XAVC S-I HD	

アンチダスト機能

α7C IIは、イメージセンサーにゴミやほこりがついたときにイメージセンサーをクリーニングするアンチダスト機能を搭載している。また、ゴミやほこりがイメージセンサーに付着しにくくなるように、カメラの電源を切ったときにシャッターを閉じるかどうかも設定できる。

(セットアップ)の[セットアップオプション]→[アンチダスト機能]から設定できる。

SECTION 03 記録画質とファイルフォーマット

KEYWORD ▶ ファイル形式 ▶ 画像サイズ

1 ファイル形式のバリエーション

静止画を記録する際、RAWとJPEG（HEIF）のファイル形式から選ぶことができる。RAWは、Imaging Edge Desktop（→P.174）などの専用ソフトウェアを使って画像に仕上げる必要があり、JPEG（HEIF）はそのまま画像として利用できる。

［ 各形式の特徴 ］

RAW	パソコンでの現像を前提に高精細なデータを保存するときに選ぶ。
RAW＋JPEG（HEIF）	RAWデータと、JPEG（HEIF）が同時に記録される。閲覧用にはJPEG（HEIF）、編集用にはRAWを使うなど、両方の画像を記録したい場合に便利。
JPEG（HEIF）	画像がJPEGまたはHEIF形式で記録される。

［ 設定方法 ］

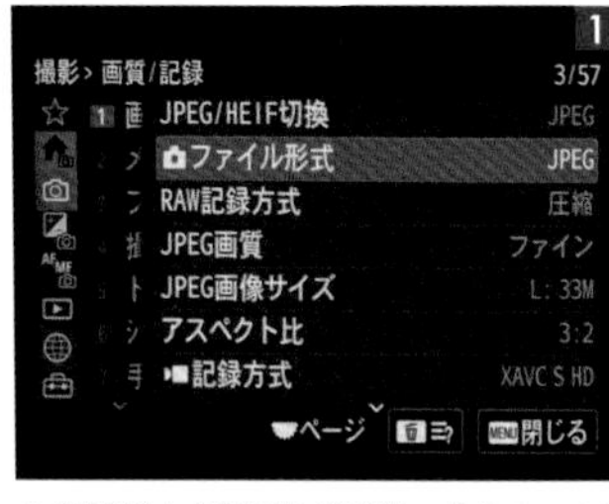

（撮影）から［画質/記録］→［ファイル形式］を選ぶ。

希望の形式を選ぶ。

HEIF形式とは

JPEG同等の画質を保ちつつ約2倍の圧縮効率でファイル容量を小さく抑えることができ、保存やデータ送信が効率的に行える。ただし、HEIF形式のファイルを開くには、HEIFに対応したパソコンやソフトウェアの環境が必要。

2 JPEG／HEIFの画質

JPEG（HEIF）の画質を、「エクストラファイン」「ファイン」「スタンダード」「ライト」から選択できる。エクストラファインが最も高画質だが、データ量が大きくなる。スタンダードにすると1枚のメモリーカードに記録できる枚数が最も多くなるが、画質は劣化する。

［ 設定方法 ］

（撮影）から［画質/記録］→［JPEG/HEIF切換］→［JPEG画質］または［HEIF画質］を選ぶ。

［JPEG画質］または［HEIF画質］で希望の種類を選ぶ。

3 JPEG／HEIF画像サイズの設定

JPEG（HEIF）の画像サイズはL、M、Sの3種類から選択可能だ。画像サイズが大きいほど精細になる。

［ アスペクト比が3:2のとき ］

L	33M	7008×4672画素
M	14M	4608×3072画素
S	8.2M	3504×2336画素

［ アスペクト比が4:3のとき ］

L	29M	6224×4672画素
M	13M	4096×3072画素
S	7.3M	3120×2336画素

4 RAW記録方式

RAW画像は、（撮影）→［画質/記録］→［RAW記録方式］から、画質や画像サイズなどの記録方式を設定できる。

［ RAWの圧縮方式 ］

非圧縮	非圧縮RAW形式で記録する。「ロスレス圧縮」や「圧縮」よりもファイルサイズが大きい。
ロスレス圧縮	画質の劣化がないロスレス圧縮方式で記録する。ファイルサイズは「非圧縮」より小さい。画像サイズはL･M･Sがあり、ソニー製アプリケーションで現像後の画素数はJPEG/HEIFのL/M/Sサイズと同じ。
圧縮	圧縮RAW形式で記録する。ファイルサイズは「非圧縮」の約半分。

※α7C IIで撮影したRAW画像は、1ピクセルに対して14ビットの分解能を持っている。

SECTION 04 ファインダーの操作

KEYWORD ▶ ファインダー

1 ファインダー表示と各名称

α7C IIは、約236万ドットの「高精細XGA OLED 電子ビューファインダー」を搭載している。高輝度かつ、静止画撮影時に通常の2倍のフレームレートで表示可能なモードを搭載しており、より残像が少なく滑かな表示でファインダー上で動体を狙いやすい。ファインダー撮影時には、各設定がアイコンで表示されるので、アイコンの意味を把握しておくとよい。

❶撮影モード	❻フォーカス枠
❷メモリーカード／撮影可能枚数	❼シャッタースピード
❸ファイル形式	❽絞り値
❹静止画の画像サイズ	❾露出補正
❺バッテリー容量	❿ISO感度

2 ファインダーの表示設定

撮影時のファインダー表示は4種類あり、ファインダーを覗きながらDISP（画面表示切換）ボタンを押すたびに切り換わる。画面内の水平を確認したいときは水準器表示、被写体に集中したいときは情報表示なし、画面内の白とびを確認したいときはヒストグラム表示など、自分の撮影スタイルに合わせて変更しよう。また、切り換え操作時に表示するかどうかの設定も可能だ。

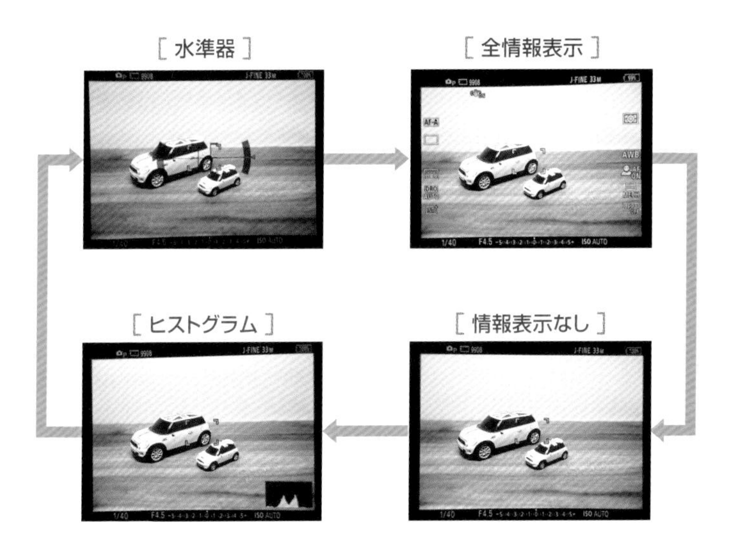

［設定方法］

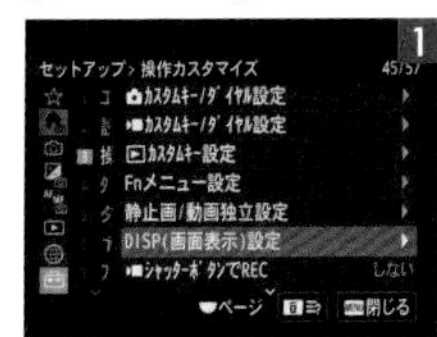

（セットアップ）から［操作カスタマイズ］→［DISP(画面表示)設定］を選ぶ。

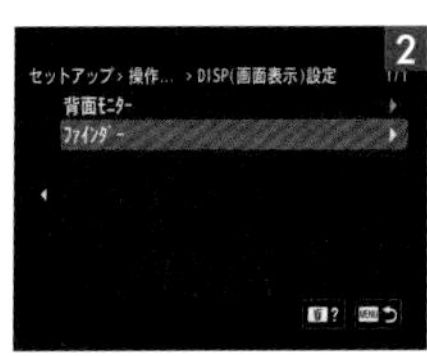

［ファインダー］を選ぶ。

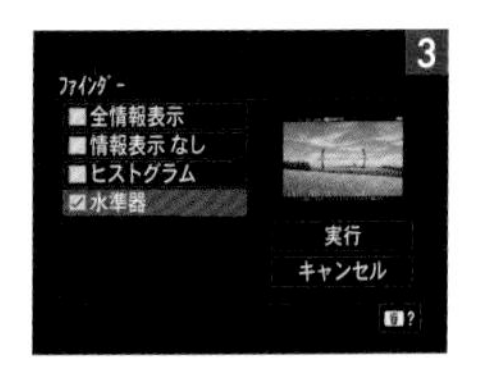

表示を選んでコントロールホイールの中央を押すと、チェックのオン・オフが切り換わる。［実行］を選んで決定する。

SECTION 05 モニターの操作

KEYWORD ▶ モニター

1 モニター表示と各名称

α7C IIは、約103万ドットの高解像度3.0型液晶パネルを使用したバリアングル液晶モニターを搭載している。モニターを見ながら撮影する際、被写体にタッチするとフォーカスや追従を自動で行うため直感的な操作ができる。画面には撮影モードや設定ごとに、さまざまなアイコンが表示される。

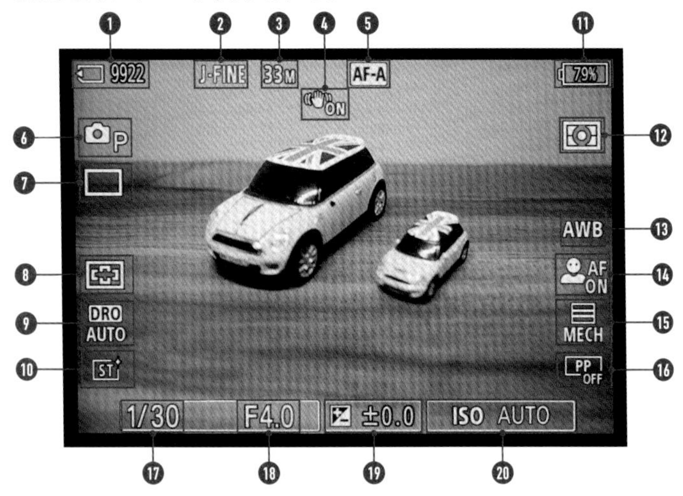

❶メモリーカード/撮影可能枚数	⓫バッテリー容量
❷ファイル形式	⓬測光モード
❸静止画の画像サイズ	⓭ホワイトバランス
❹手ブレ補正ON /OFF	⓮AF時の被写体認識/認識対象
❺フォーカスモード	⓯シャッター方式
❻撮影モード	⓰ピクチャープロファイル
❼ドライブモード	⓱シャッタースピード
❽フォーカスエリア	⓲絞り値
❾DRO /オートHDR	⓳露出補正値
❿クリエイティブルック	⓴ISO感度

2 モニターの表示設定

撮影時のモニター表示は5種類あり、DISPボタンを押すたびに切り換わる。ファインダー撮影用表示は、モニターには被写体を表示せずに撮影情報のみを表示する設定だ。また、表示する画面の種類の設定も可能で、モニターを消灯する設定にもできる。

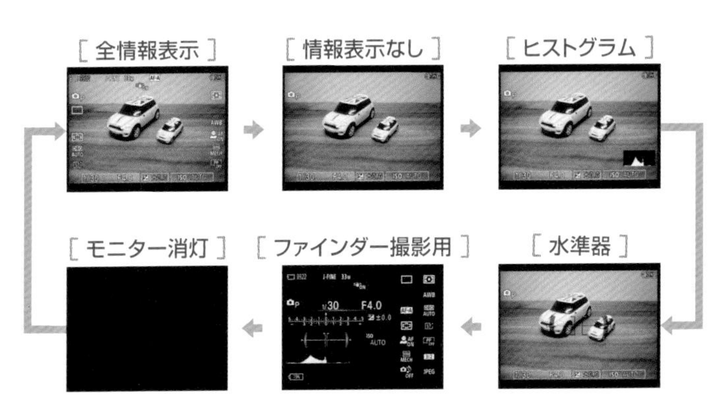

[設定方法]

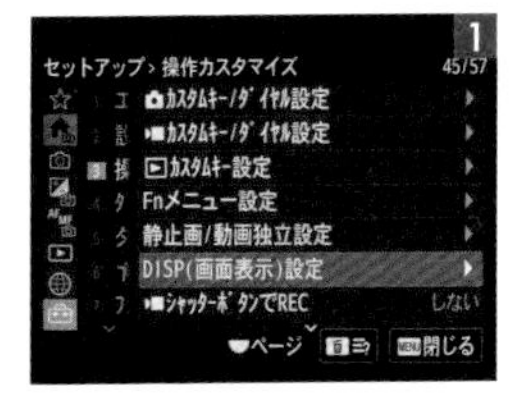

（セットアップ）から［操作カスタマイズ］→［DISP(画面表示)設定］を選ぶ。

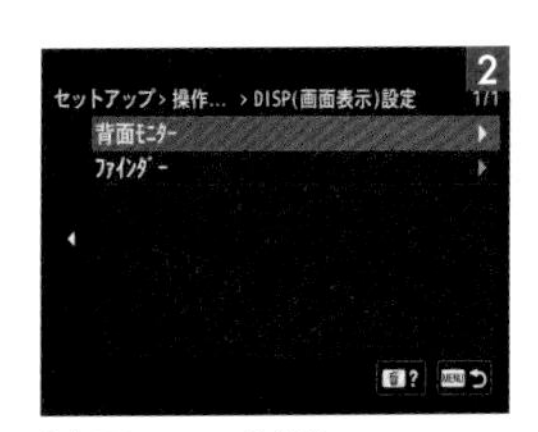

［背面モニター］を選ぶ。

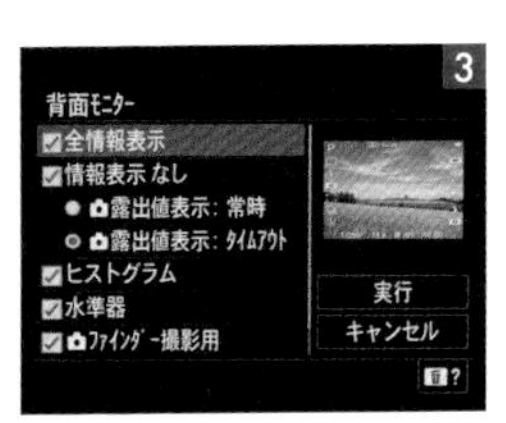

表示を選んでコントロールホイールの中央を押すと、チェックのオン・オフが切り換わる。

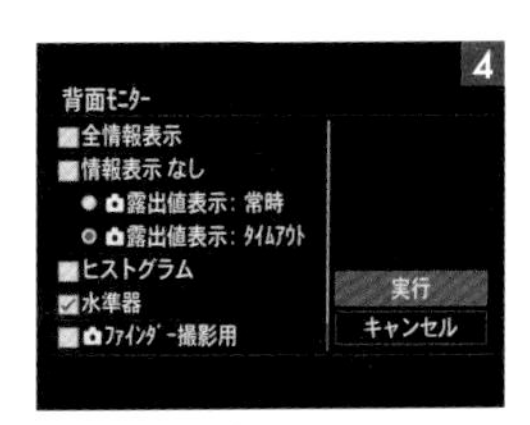

［実行］を選び、コントロールホイールの中央を押して決定する。

SECTION 06 画像の再生と削除

KEYWORD ▶ 拡大表示 ▶ 一覧表示 ▶ 削除

1 画像の拡大表示

撮影後、▶（再生）ボタンを押すと撮った写真を確認することができる。コントロールホイールを回すごとに拡大倍率が上がり、アップでピントの具合を確認できる。拡大表示をする場所は移動できるので、人物なら瞳、物撮りならロゴなどの一番ピントを合わせたい部分を拡大するとよい。

［ 設定方法 ］

再生ボタンを押し、画像を再生する。コントロールホイールで拡大したい画像を選ぶ。

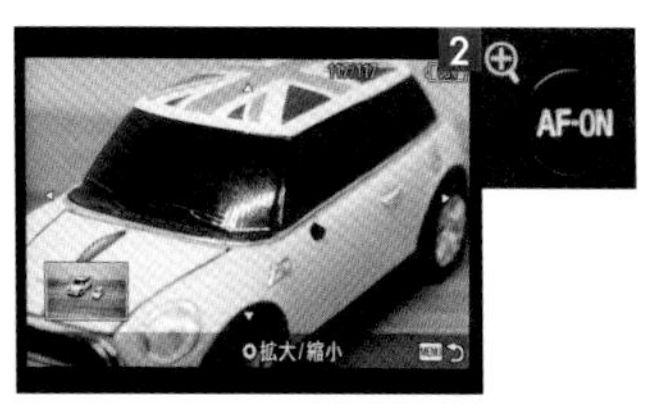

拡大したい画像を表示して、⊕（拡大）ボタンを押すと、画像が拡大される。

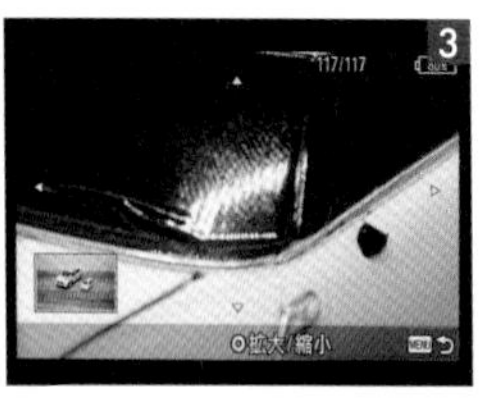

コントロールホイールを回すと、さらに倍率を拡大できる。

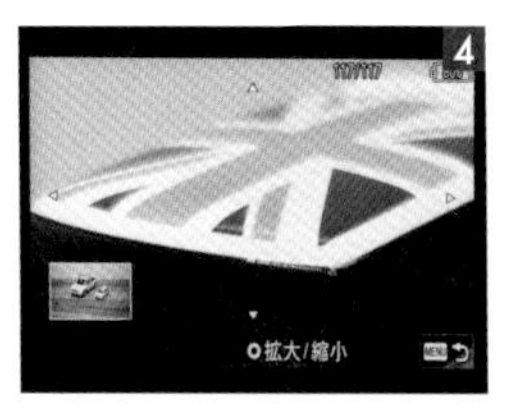

コントロールホイールの▲/▼/◀/▶で表示する場所を移動できる。MENUボタンまたはコントロールホイールの中央を押すと、拡大表示が終了する。

2 画像の一覧表示

複数の画像の中から画像を探すには、一覧表示に切り換えると便利だ。コントロールホイールでバーを選んで上下にページを送ることで、すばやい画像探しが行える。また、撮影した日付ごとにカレンダーで表示することもできるため、撮影日から画像を探すことも可能だ。

［設定方法］

画像を再生し、(一覧表示)ボタンを押す。

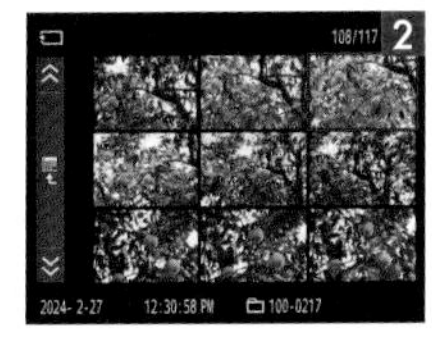

コントロールホイールの▲/▼/◀/▶で画像を選べる。

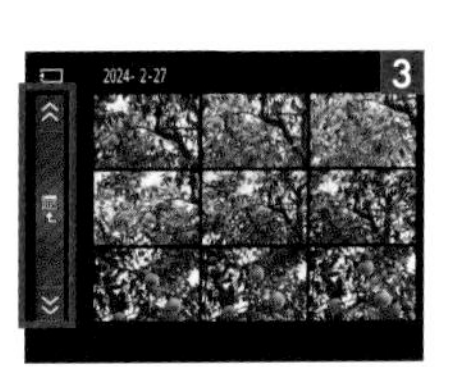

コントロールホイールで左側のバーを選ぶ。

コントロールホイールの▲/▼でページを送ることができる。

バーを選んでいる状態でコントロールホイールの中央を押すと、カレンダーが表示される。

3 画像の削除

撮影した画像はどんどんメモリーカードに記録されていくため、容量を確保するためにも不要な画像は削除したい。画像を数枚選んでから削除する、フォルダー内の画像をまとめて削除するなど、削除する設定を選択することができる。

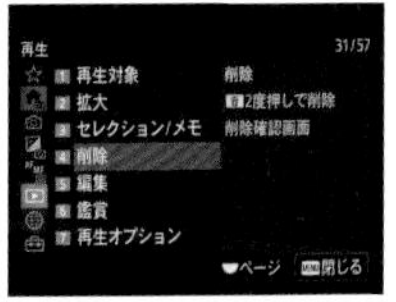

MENUボタンを押し、▶(再生)から[削除]を選ぶ。

画像選択	画像を何枚か選んで削除する。
このグループの全画像	選択しているグループ内すべての画像をまとめて削除する。
この画像以外の全画像	グループ内の選択している画像をのぞくすべての画像をまとめて削除する。
このフォルダーの全画像	選択しているフォルダー内すべての画像をまとめて削除する。
この日付の全画像	選択している日付内すべての画像をまとめて削除する。

SECTION
07 構図に関する設定

KEYWORD ▶ グリッドライン ▶ 水平 ▶ マーカー表示

1 グリッドラインの種類と構図法

背面モニターのみならず、ファインダー内にもグリッドラインが表示できるのは、ミラーレス一眼の大きな利点である。グリッドラインは画面内にラインを引いて可視化してくれるため、構図作りの参考に使える。α7C IIでは、[3分割][方眼][対角+方眼]から選択できる。三分割構図には[3分割]を活用するとよい。

[設定方法]

(撮影)から[撮影画面表示]→[グリッドライン表示]を選ぶ。

[入]を選ぶ。

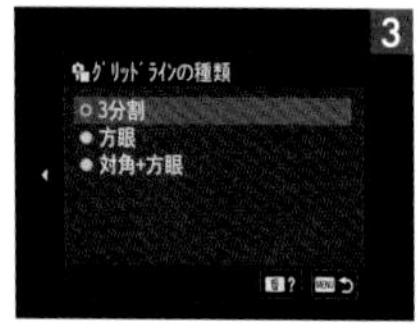

[グリッドラインの種類]から希望の設定を選ぶ。

モニターまたはファインダーにグリッドラインが表示される。

グリッドライン表示を「入」にして、グリッドラインの種類を[対角+方眼]に設定すると、垂直・水平に重きをおきたい場合に撮影しやすい。

2 水平を出す

写真を撮るときに、水平は重要であり、保てていないと見る人に違和感を与えてしまう。これは撮影時に水準器を表示することで解決できる。(→P.23、P.25)。水準器が緑色に表示されていれば、水平がきちんと取れている証だ。

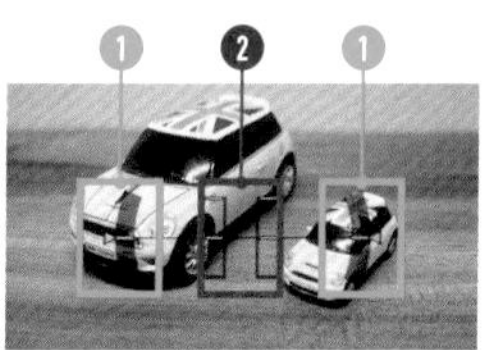

左右の①の線が緑色になっていれば、水平。②の線は平衡を表している。

3 マーカー表示の設定(動画)

動画撮影時でも、メニューから(撮影)の[マーカー表示]を選択し[入]にすることで、マーカーを表示することができる。センターマーカーやアスペクトマーカー、セーフティゾーン、ガイドフレームがある。筆者はガイドフレームを常時「入」にして動画を撮影している。垂直・水平を出す必要のない被写体でも、ガイドフレームがあることで、フレーミングがしやすくなるので、一度お試しいただきたい。

ガイドフレームがあることで、ヤマガラのフィギュアの配置場所を厳密に決めてフレーミングすることができる。

SECTION 08

画角に関する設定

KEYWORD ▶ アスペクト比

1 アスペクト比の変更

α7C IIでは画像の横縦の比率を「3:2」「4:3」「16:9」「1:1」から選択できる。3:2は35mm判フィルムと同じ比率で、カメラでは一般的に使用されている。16:9はハイビジョンテレビでの鑑賞に適しており、横長の印象になる。

[設定方法]

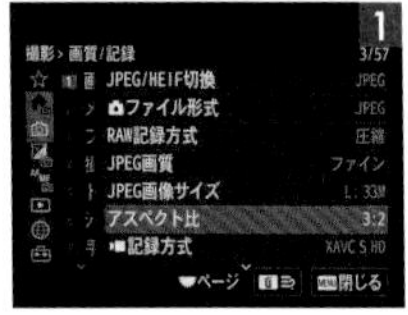

(撮影)から[画質/記録]→[アスペクト比]を選ぶ。

希望の横縦比を選ぶ。

写真のアスペクト比は、今現在は3:2が主流だ。この比率は縦、横、どちらでもフレーミングしやすく、被写体も選ばない。

クラシカルなイメージの1:1の比率だが、近年はSNSでこの比率を見る機会が多くなった。画面のさばき方が3:2とは変わってくるところも面白いので、活用したい。

2 APS-C S35mm(Super35mm)撮影

通常のアスペクト比以外にも、静止画撮影時にAPS-Cサイズ、動画撮影時にSuper35mmサイズ相当の画角で記録するかどうかを設定することもできる。(撮影)の[画質/記録]→[APS-C S35撮影]を[入]に設定することで、画角を約1.5倍にして撮影できる。

3 縦位置撮影

縦位置で撮影をする際、フォーカス枠を横位置撮影のときの位置から切り換えることができる。筆者は縦位置と横位置でそれぞれ「フォーカスエリア+位置」を固定し、自分のデフォルトにしている。撮影ジャンルが何であれ、大変便利なので、ぜひ試してほしい。

[設定方法]

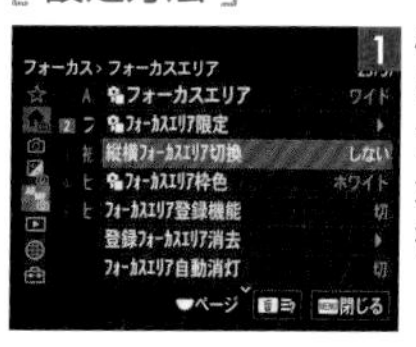

AF/MF（フォーカス）から［フォーカスエリア］→［縦横フォーカスエリア切換］を選ぶ。

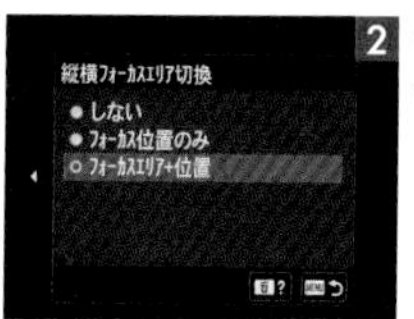

希望の設定を選ぶ。

[縦横フォーカスエリア切換]

AF-Cでフォーカスエリアは「トラッキング:ゾーン」にして、エリアの枠を真ん中においてバンを撮影した。

横位置で撮影後にカメラを縦位置にした。縦位置はフォーカスエリアを「スポット:L」で枠を真ん中に設定してあったので、エリアはそのままで、枠の位置だけを少し上に動かして、撮影した。

縦位置の撮影ではタッチ機能を無効にする

α7C IIには、カメラが縦横どちらの状態に置かれているのかを自動的に感知する機能が搭載されている。そのため、カメラが縦位置のときにはタッチ操作機能を［切］にしておきたい。横位置なら指を伸ばしてモニターをタッチするのが簡単だが、縦位置では難しく、不用意に鼻などで触ってしまわないためである。

SECTION 09

手ブレ補正の設定（ボディ／レンズ）

KEYWORD ▶ 手ブレ補正 ▶ レンズ ▶ 三脚

1 手ブレ補正の使い分け

かつては、手ブレしないシャッタースピードは「[1/レンズの焦点距離]秒より高速にしろ」といわれていたが、今の時代、機材が進化して画像が鮮明になったので、微ブレもくっきりと写ってくる。そのため、保険をかける意味で、筆者は「[1/レンズの焦点距離]秒より1段以上高速なシャッタースピード」を手ブレ補正オフの基準にしている。それよりも低速になる場合に手持ちで撮影するときは、手ブレ補正を[入]にしている。

［設定方法］

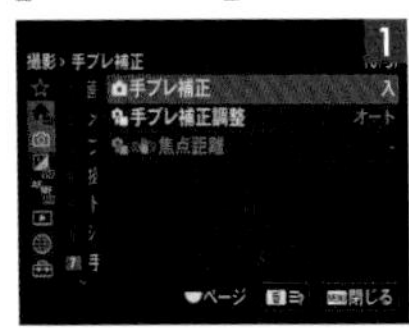

📷（撮影）から[手ブレ補正]→[手ブレ補正]を選ぶ。

希望の設定を選ぶ。

［切］

手ブレ補正を「切」にして、1/8秒で撮影したので、ブレてしまっている。

［入］

シャッタースピードを1/8秒のままで、手ブレ補正を「入」にして撮影。「切」のカットと比べると、ブレがないことがよくわかる。

2 レンズの手ブレ補正機能

交換レンズの中には、手ブレ補正機能を搭載したものもある。ソニー製のレンズでは、レンズ名にOSSと記載のある製品が手ブレ補正機能を搭載している。レンズの手ブレ補正機能は、一般的に回転ブレに弱いとされているが、カメラの持つ手ブレ補正のモードと組み合わせることで、角度ブレ、シフトブレも含め、手持ち撮影時に起きやすいブレを軽減することができる。

**光学式
手ブレ補正機能付きレンズ**
FE 24-105mm F4 G OSS

カメラの持つ手ブレ補正機能と組み合わせれば、夜景や室内でも感度を上げずに画質を維持したままノイズを抑えられる。
希望小売価格: 181,500円（税込）

3 レンズ協調制御

α7C IIはボディ・レンズ協調制御に対応しているカメラなので、対応レンズ使用時は、ボディ側とレンズ側が協調して手ブレ補正を行い、通常より大きなブレを補正することができる。これを有効に活用することで、コンパクトなボディの機動力を生かして、三脚なしで、サクサク撮ることができる。

協調制御対応レンズのFE 70-200mm F4 Macro G OSS IIをつけて、シャッタースピードを1/4秒にして撮影。手ブレ補正の効きをテストするために、少し荒々しくシャッターボタンを押したが、結果はご覧のとおり、ブレがない。

SECTION 10 電子音／タッチ操作の設定

KEYWORD ▶ 電子音 ▶ サイレントモード ▶ タッチ操作

1 電子音の有無の設定

ピントが合ったときに「ピピッ」と鳴る合焦音や、セルフタイマーで撮影する際の操作音を鳴らすかどうかを設定できる。通常は「入」で問題ないが、静かな場所で撮影するとき、寝ている赤ちゃんやペットを撮影するときでは「切」に設定したい。マナーを守って撮影することが大前提である。

[設定方法]

（セットアップ）から［サウンドオプション］→［電子音（撮影）］を選ぶ。

希望の設定を選ぶ。

2 サイレントモードの設定

電子シャッターでの撮影時、シャッター音と電子音を鳴らさない設定にすることができる。なお、「対象機能の設定」から、AF時の絞り駆動など、サイレントモードにしたときの、カメラから作動音がするほかの機能の設定を同時に変更するかどうかも設定可能だ。

[設定方法]

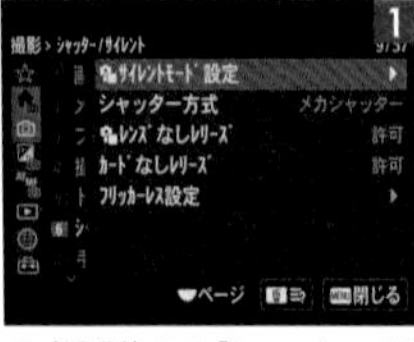

（撮影）から［シャッター／サイレント］→［サイレントモード設定］を選ぶ。

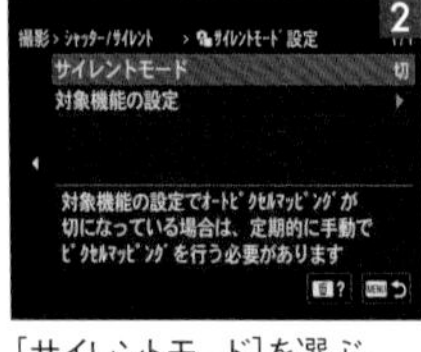

［サイレントモード］を選ぶ。

希望の設定を選ぶ。

3 タッチ操作の有効・無効の設定

モニターのタッチ操作を有効にするかどうかを設定できる。静止画または動画撮影時にモニターにタッチして希望の場所にピントを合わせるタッチフォーカスを行うときは「入」の設定が必要だが、ファインダー撮影がメインのときは「切」に設定しておけばよい。

［設定方法］

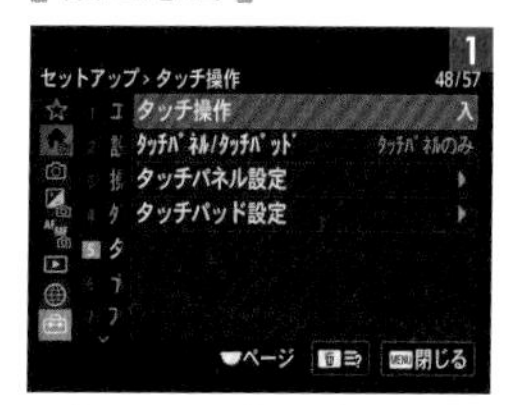

(セットアップ)から[タッチ操作]→[タッチ操作]を選ぶ。

希望の設定を選ぶ。

4 タッチパネル／タッチパッドの設定

モニター撮影時のタッチ操作を「タッチパネル操作」と呼び、ファインダー撮影時のタッチ操作を「タッチパッド操作」と呼ぶ。タッチパネル操作またはタッチパッド操作のどちらを有効にするかを設定することができる。

［設定方法］

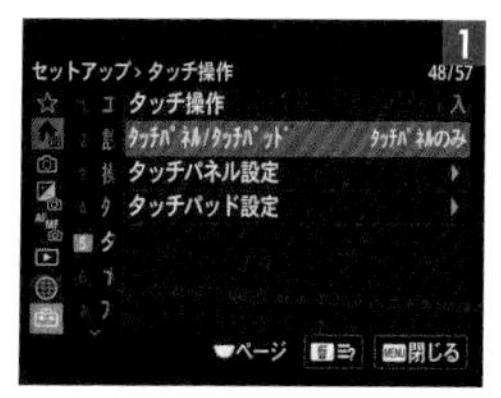

(セットアップ)から[タッチ操作]→[タッチパネル/タッチパッド]を選ぶ。

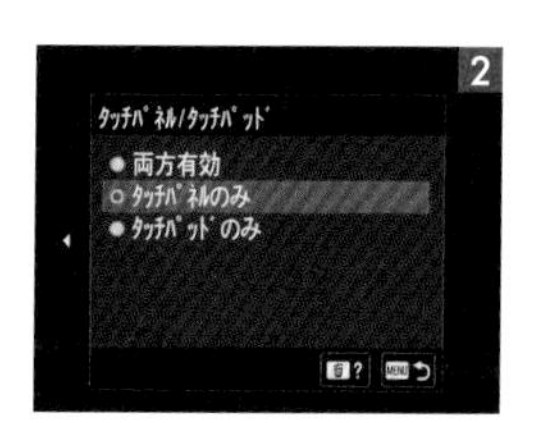

希望の設定を選ぶ。

SECTION 11 バッテリー消費を抑える設定

KEYWORD ▶ 表示画質 ▶ フォーカスモード ▶ モバイルバッテリー

1 画面関連の設定

長時間の撮影や動画撮影の場面でバッテリーを長持ちさせるための対策として、モニターと表示画質の設定は重要だ。モニターは明るさを下げ、表示画質は「標準」の設定にしておくと、バッテリーの消費が抑えられる。操作していないときに、パワーセーブ（省電力）モードになるまでの時間を短くしたり、自動でモニターを消灯するまでの時間を短くしたりするのも有効だ。

［ 表示画質の設定方法 ］

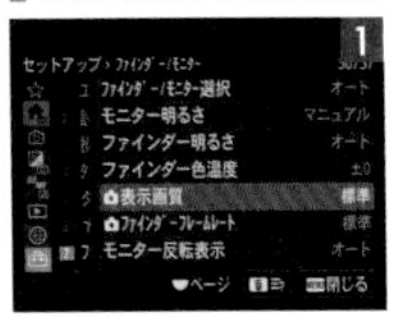

（セットアップ）から［ファインダー/モニター］→［表示画質］を選ぶ。

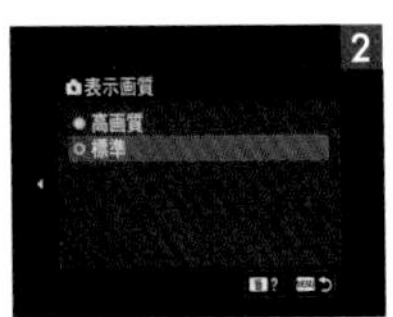

［標準］を選ぶ。

［ パワーセーブの設定方法 ］

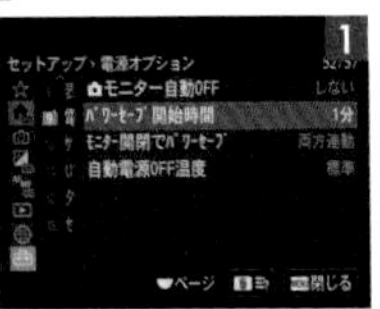

（セットアップ）から［電源オプション］→［パワーセーブ開始時間］を選ぶ。

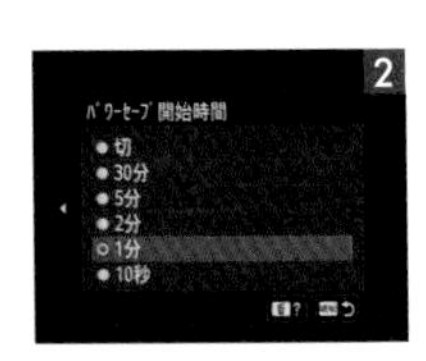

希望の時間を選ぶ。

［ モニター自動OFFの設定方法 ］

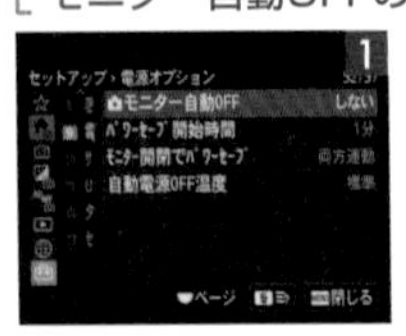

（セットアップ）から［電源オプション］→［モニター自動OFF］を選ぶ。

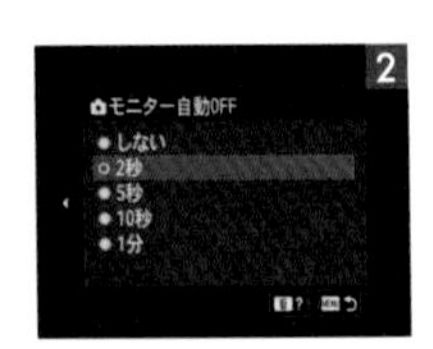

希望の設定を選ぶ。

バッテリー

2 フォーカスモードの設定

動画では難しいかもしれないが、静止画では一度ピントを合わせ、その後動かさないAF-Sよりも、常にピントを合わせるための機構を動かし続けているAF-Cの方が消費電力が大きい。思い切ってフォーカスモードをMFにする方法もあるが、AF駆動が機械式のレンズを選ばないと消費電力はさして変わらないだろう。

3 予備バッテリーの準備

旅行や長時間の撮影の際は、事前に予備バッテリーを準備しておくことをおすすめする。純正のリチャージャブルバッテリーのほか、USB Power Delivery（PD）対応のモバイルバッテリーがあると、充電しながら撮影できて便利だ。大容量のものを準備しておくと、動画撮影の際も安心だ。

リチャージャブルバッテリーパック NP-FZ100

α7C IIに対応する2,280mAhの高容量バッテリー。バッテリー残量をカメラの液晶モニターに1%刻みで表示するインフォリチウム機能を搭載。
希望小売価格: 11,440円（税込）

バッテリーを長持ちさせるコツ

ズームやフラッシュを多用する撮影や、長時間の動画撮影などは、通常の撮影と比べてバッテリーを多く消費する。また、寒い環境での撮影も、バッテリーの性能を低下させてしまう要因の1つ。対策として、バッテリーをポケットなどに入れて温かくしておき、なるべく撮影の直前に取り付けるようにするとよい。

Column

メニューの操作

撮影、再生、操作方法など、カメラに関する設定の変更や機能の実行は、基本的にメニュー画面から行う。まずは画面左側にあるメニュータブのアイコンを選び、そこから各項目の設定を行える。

［ 設定方法 ］

MENUボタンを押す。

［ メニュータブ ］

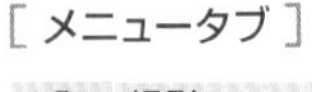
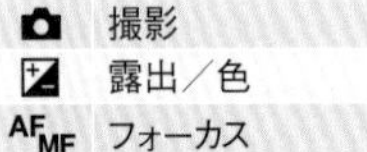

アイコン	メニュータブ
(カメラ)	撮影
(露出)	露出／色
AF MF	フォーカス
(再生)	再生
(地球)	ネットワーク
(ツールボックス)	セットアップ
★	マイメニュー

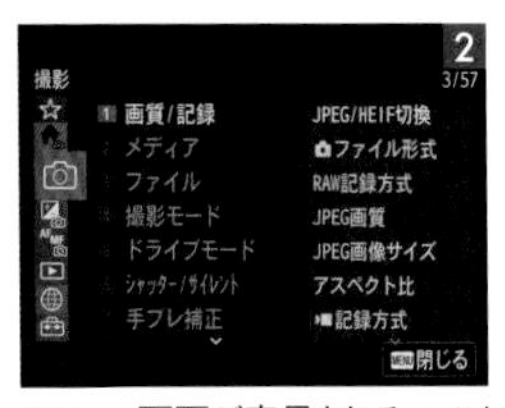

メニュー画面が表示される。コントロールホイールの◀を押して、メニュータブのアイコンを選ぶ。

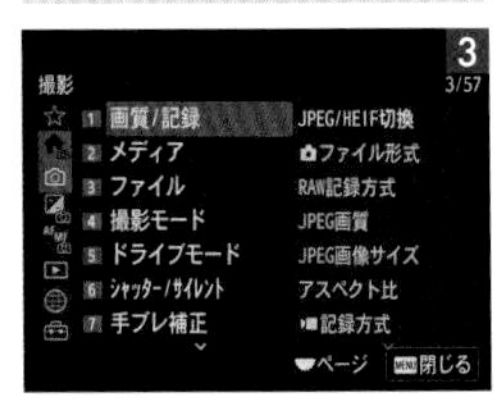

コントロールホイールで、メニュータブ右側にあるメニューグループを選ぶ。

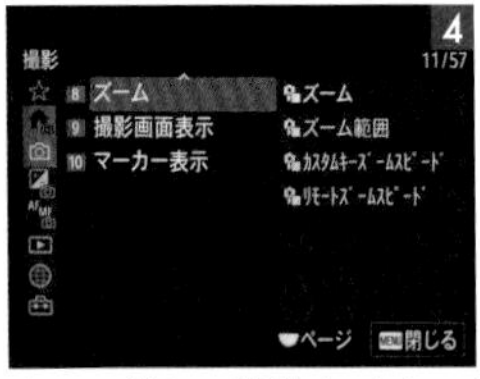

メニューグループが決まったら、コントロールホイールの▶で希望のメニュー項目を探す。

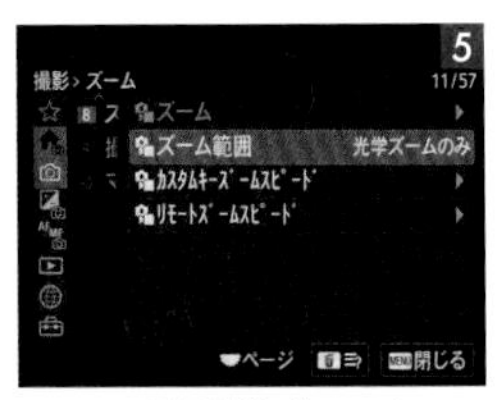

メニュー項目を選び、コントロールホイールの中央ボタンを押す。階層を戻るには、コントロールホイールの◀を押す。

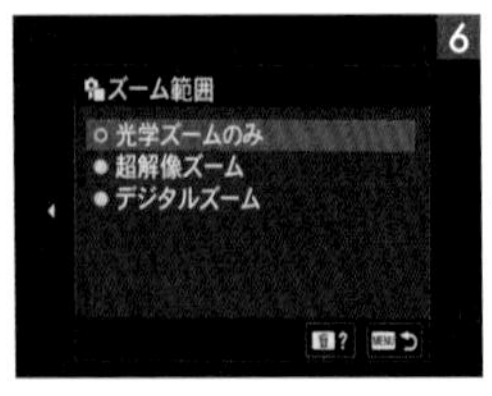

設定画面が表示されるので設定を行い、コントロールホイールの中央を押す。項目によっては、［実行］を選んでコントロールホイールの中央を押す。

第2章

フォーカス機能

SECTION 01 フォーカスモード
SECTION 02 フォーカスエリア
SECTION 03 トラッキング
SECTION 04 フォーカス機能の組み合わせ（AF-S）
SECTION 05 フォーカス機能の組み合わせ（AF-C）
SECTION 06 AF-ONボタン（親指AF）
SECTION 07 フォーカスホールド
SECTION 08 フォーカス機能の設定
SECTION 09 被写体認識AFの基本
SECTION 10 被写体認識AFの詳細設定
SECTION 11 被写体認識AFの撮影（基本編）
SECTION 12 被写体認識AFの撮影（応用編）
SECTION 13 タッチフォーカス／タッチシャッター
SECTION 14 マニュアルフォーカス機能

SECTION 01 フォーカスモード

KEYWORD ▶ AF-S ▶ AF-A ▶ AF-C ▶ DMF ▶ MF

1 各モードの種類

フォーカスモードとは、ピントを合わせる方法のことである。α7C IIは、動きのない被写体を撮影するのに最適なAF-S、動いている被写体を連続的にとらえ続けるAF-C、その両方を自動で制御するAF-A、撮影者が手動でフォーカスリングを回してピントを合わせるMF、AF-SとMFを組み合わせたようなDMFの5種類の方法を設定で選択することができる。

[フォーカスモードの種類]

AF-S (シングルAF)	ピントが合った時点でピントを固定する。動きのない被写体で使う。
AF-A (AF制御自動切換)	被写体の動きに応じて、シングルAFとコンティニュアスAFが切り換わる。シャッターボタンを半押しすると、被写体が静止していると判断したときはピント位置を固定し、被写体が動いているときはピントを合わせ続ける。
AF-C (コンティニュアスAF)	シャッターボタンを半押ししている間中、ピントを合わせ続ける。動いている被写体にピントを合わせるときに使う。
DMF (ダイレクトマニュアルフォーカス)	オートフォーカスでピントを合わせた後、手動で微調整できる。最初からマニュアルフォーカスでピントを合わせるよりもすばやくピント合わせが行え、マクロ撮影などに便利。
MF (マニュアルフォーカス)	レンズのフォーカスリングを回して、手動でピント合わせを行う。

[設定方法]

AF/MF(フォーカス)から[AF/MF]→[フォーカスモード]を選ぶ。

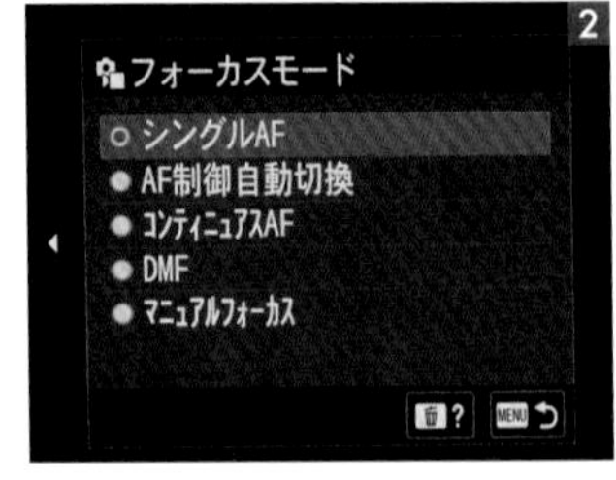

希望の設定を選択する。

2 DMFでの撮影

DMF（ダイレクトマニュアルフォーカス）は、AF-Sでピントを合わせた後に、撮影者が自分でフォーカスリングを回して、MFでピント位置を微調整することができる機能である。マクロ的な表現のように厳密にピントを合わせたいときなどは大変便利なので、活用したい。なお、厳密にピント合わせをする場合、三脚を使ってカメラ位置を固定するのがベターだ。

［ 設定方法 ］

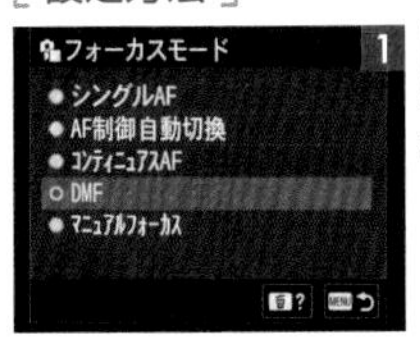

［フォーカスモード］から［DMF］を選択する。

シャッターボタンを半押しして、ピントを合わせる。

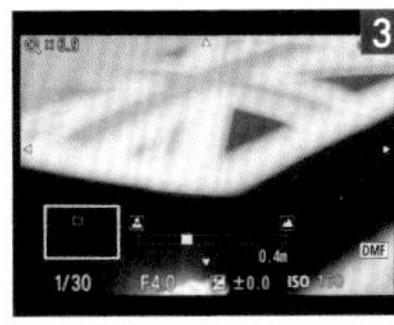

シャッターボタンを半押ししたまま、フォーカスリングを回してピントを調整する。

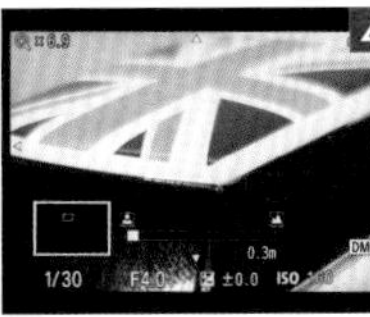

ピントの調整が完了したら、シャッターボタンを押し込んで撮影する。

3 AF-Cでの撮影

AF-C（コンティニュアスAF）は、連続的にフォーカスを動かしてくれるので、動体撮影に最適なピント合わせのモードである。第4世代になって、αのAFが進化したことが、このモードを使うと実感できる。昔はAFが背景に引っ張られてしまうことがよくあったが、今はもう過去の話となってしまった。

フォーカスモードをAF-Cにして、飛んでいる飛行機を連写した。AF-Cにすることで、飛んでいる飛行機にフォーカスを合わせ続けてくれる。

SECTION

02 フォーカスエリア

KEYWORD ▶ フォーカススエリア ▶ フォーカス枠

1 各エリアの特徴

撮影時において、ピントを合わせる位置の判断をするのがフォーカスエリアであり、α7C IIでは6種類のエリアから選ぶことができる。カメラから一番近いところに合わせたり、人間の顔を検出したり、さらにはその顔の中の瞳にピントを合わせたりと、手動から全自動まであらゆる方法から選べる。撮影する状況や被写体に応じて切り換えてみよう。

［ フォーカスエリアの種類 ］

ワイド	モニター全体を基準に、自動ピント合わせをする。
ゾーン	モニター上でピントを合わせたいゾーンの位置を選ぶと、その中で自動でピントを合わせる。
中央固定	モニター中央付近の被写体に自動ピント合わせをする。フォーカスロックと併用して好きな構図で撮影が可能。
スポット(S／M／L)	モニター上の好きなところにフォーカス枠を移動し、非常に小さな被写体や狭いエリアを狙ってピントを合わせる。
拡張スポット	「スポット」の周囲のフォーカスエリアをピント合わせの第2優先エリアとして、選んだ1点でピントが合わせられない場合に、この周辺のフォーカスエリアを使ってピントを合わせる。
トラッキング	フォーカスモードが「コンティニュアスAF」のときのみ選択可能。シャッターボタンを半押しすると、選択されたAFエリアから被写体を追尾する。

［ 設定方法 ］

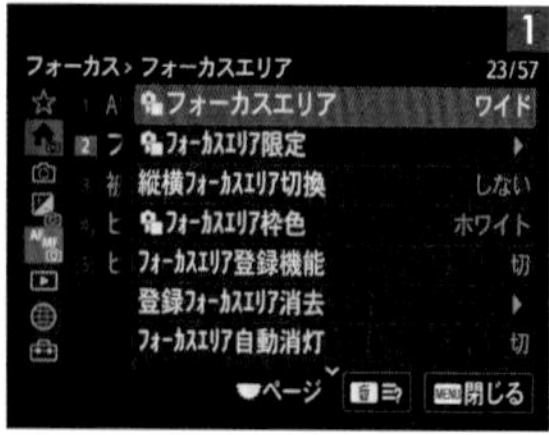

AF/MF（フォーカス）から［フォーカスエリア］→［フォーカスエリア］を選ぶ。またはC2ボタンを押す。

希望のフォーカスエリアを選択し、コントロールホイールの中央を押す。

2 フォーカスエリアの登録

自分がよくピントを合わせる場所が決まっている場合は、フォーカスエリア登録機能が便利だ。これは、カスタムキー（→P.102）を使ってフォーカス枠をあらかじめ登録した位置に一時的に移動させることができる機能である。例えば、フォーカススタンダードを任意のボタンに割り当てておくと、ボタン1つでフォーカス枠をすばやく移動することができる。カスタム登録をする際は、「押す間」なら割り当てたボタンを押している間だけ、「再押し」なら一度押せば登録位置にフォーカス枠が移動し、戻らない。

［ 設定方法 ］

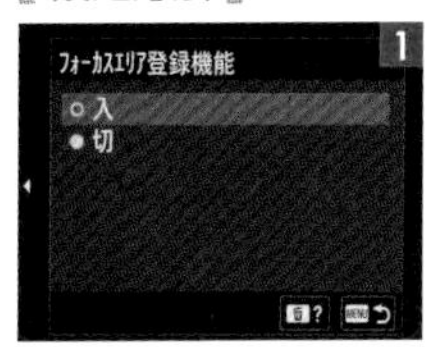

AFMF（フォーカス）から［フォーカスエリア］→［フォーカスエリア登録機能］を選び、［入］に設定する。

フォーカスエリアを希望の位置に設定し、Fnボタンを長押しする。

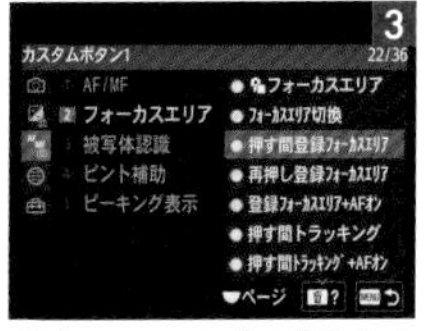

（セットアップ）の［操作カスタマイズ］→［カスタムキー/ダイヤル設定］から希望のキーを選び、［押す間登録フォーカスエリア］を選択する。撮影画面で割り当てたキーを押すと、設定した位置にフォーカス枠が表示される。

［ 拡張スポット×フォーカススタンダードの場合 ］

拡張スポットのフォーカス枠が表示される。

フォーカススタンダードを割り当てたキーを押すと、コントロールホイールでフォーカス枠が移動できる。

［ 中央固定の場合 ］

モニター中央付近の被写体に合わせてフォーカス枠が固定される。

撮影ポジションを変えても、中央にフォーカス枠が表示され続ける。

SECTION 03 トラッキング

KEYWORD ▶ タッチトラッキング ▶ リアルタイムトラッキング

1 トラッキングの設定

α7C IIには、被写体を追尾してフォーカス枠を合わせ続けるトラッキングの機能がある。カメラに指定した被写体を認識させ、シャッターボタンを半押しすると、リアルタイムトラッキングが作動し、ピントを合わせ続ける。トラッキングの開始位置は、フォーカスエリアで指定する方法とタッチ操作で指定するタッチトラッキングという方法によって決めることができる。動く被写体にはぜひ活用したい機能だ。

［ フォーカスエリアでの指定方法（リアルタイムトラッキング） ］

フォーカスモードを［コンティニュアスAF］（AF-C）に設定する。

AF/MF（フォーカス）から［フォーカスエリア］→［トラッキング］を選ぶ。

コントロールホイールの◀/▶を押して、希望のフォーカスエリアを選ぶ。

［ タッチ操作での指定方法（タッチトラッキング） ］

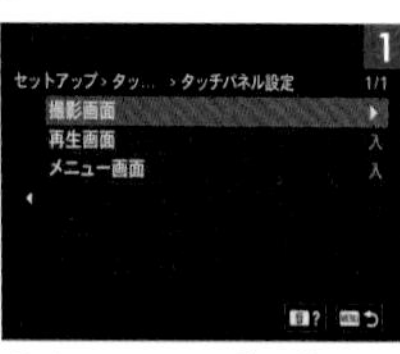

（セットアップ）の［タッチ操作］→［タッチパネル設定］→［撮影画面］→［撮影時のタッチ機能］を選ぶ。

［タッチトラッキング］を選ぶ。さらに、［タッチ操作］を［入］に設定しておく。

モニター上の被写体をタッチするとフォーカス枠が表示され、トラッキングが開始する。コントロールホイールの中央で解除できる。

2 フォーカスエリアでのトラッキング撮影

色や形、奥行きなどの空間情報をリアルタイムで高速に処理するので、シャッターボタンを半押しするだけで、カメラまかせで狙いの被写体を追尾し続けることができる。極めて高い精度で追従してくれるので、撮影者はフレーミングに集中して「ここ」というときにシャッターボタンを全押しするだけでよい。

AF時の被写体認識を「入」に、認識対象を人物にして、フォーカスモードを「AF-C」に、フォーカスエリアは「トラッキング:ゾーン」にして連写した。

ブランコがカメラに近づいてくるときも離れて行くときも、モデルの瞳を認識、追従し続けてくれた。

トラッキングで注意してほしいこと

トラッキングは連続的に動く被写体を撮影するときに使うので、フォーカスモードが「AF-C」のときにだけ有効となる。また、AF時の被写体認識を「入」にした場合、トラッキングのフォーカスエリアは、その被写体のすべてがちょうど収まるサイズに近いエリアを選ぶことで、トラッキングの追従性能が高くなる。

SECTION 04 フォーカス機能の組み合わせ(AF-S)

KEYWORD ▶ AF-S ▶ ワイド ▶ スポット

1 AF-S×ワイド

動きがあまりない被写体を連写せずに1枚だけ撮影する場合は通常、フォーカスモードを「AF-S」にする。フォーカスエリアの設定は、筆者の場合、被写体認識を「入」にするか否かで変えている。被写体認識を「入」に設定した場合は、その被写体の全体がちょうど収まるサイズに近いエリアを選択する。なので、被写体を大写しする場合は「ワイド」を選択する。

[設定方法]

フォーカスモードを[AF-S]に、フォーカスエリアを[ワイド]に設定する。

シャッターボタンを半押しすると、中央に近いところでピントが合う。

フォーカスエリアを「ワイド」に、AF時の被写体認識を「入」に設定して、バンを撮影。被写体認識AFは優秀なので、バンをこれくらいの大きさで写す場合はワイドでも問題なく合焦する。

2 AF-S×スポット

AF時の被写体認識を「切」にして、動きがあまりないものを撮る場合は、ピントを厳密に合わせるために、フォーカスエリアは「スポット：S」「スポット：M」「スポット：L」のいずれかを選ぶことが多い。主役を画面の中で小さくとらえるときは、迷わずにスポットの3つのいずれかを選択して撮影する。

［ 設定方法 ］

［フォーカスエリア］から［スポット］を選ぶ。

コントロールホイールの◀／▶でフォーカス枠のサイズをS／M／Lから選ぶ。

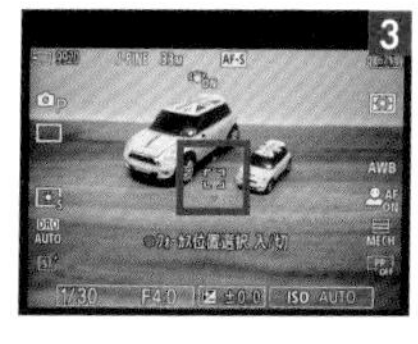

スポットのフォーカス枠が表示される。

コントロールホイールで任意の場所にフォーカス枠を移動でき、シャッターボタンを半押しするとピントが合う。

フォーカスエリアを「スポット：L」にして、エリアの枠を主役のところに移動させて、ピントを確実に合わせて撮影した。

SECTION 05 フォーカス機能の組み合わせ(AF-C)

KEYWORD ▶ AF-C ▶ ワイド ▶ ゾーン

1 AF-C×ワイド

動きのある被写体を撮るときは、フォーカスモードを「AF-C」にする。フォーカスエリアは、撮影シーンによって使い分けている。例えば、主役を画面の端っこに寄せてフレーミングするときなどは、「ワイド」にすることが多い。フォーカスエリアは広くすればするほど、精度に難が出てくるのだが、AF時の被写体認識を「入」にすることで、ワイドのような広めのエリアでも確実に合焦してくれる。

[設定方法]

1 フォーカスモードを[AF-C]に、フォーカスエリアを[ワイド]に設定する。

2 シャッターボタンを半押しすると、自動的にピントを追尾してくれる。

泳いでいるホシハジロを画面右下に寄せて撮影し続けたのだが、フォーカスエリアが「ワイド」でもホシハジロを合焦し続けてくれた。

2 AF-C×ゾーン

点でとらえるスポットと違って、面でとらえるゾーンはAF-Cとの相性がよい。鳥やスポーツなどいわゆる動きものを撮る場合、認識対象をその被写体に設定して、フォーカスモードは「AF-C」に、フォーカスエリアは「ゾーン」に設定して撮ることをおすすめする。α7C IIは、AFの精度はもちろん、追従性能も確かなので、撮り手はフレーミングだけに集中すればよい。

[設定方法]

フォーカスモードを[AF-C]に、フォーカスエリアを[ゾーン]に設定する。

ゾーンのフォーカス枠が表示されるので、コントロールホイールでピントを合わせたい場所に移動させる。

シャッターボタンを半押しすると、自動的にピントを追尾してくれる。

フォーカスモードを「AF-C」に、フォーカスエリアは「ゾーン」に設定して、飛んでいるホシハジロを連写。被写体の行動が予測できていれば、外すことは考えにくいほどの追従性だ。

SECTION 06 AF-ONボタン（親指AF）

KEYWORD ▶ AF-ONボタン ▶ 親指AF

1 親指AF

シャッターボタンの半押しでオートフォーカスを開始する通常の設定を変更して、AF-ONボタンにAF開始の部分だけ機能を割り振ることができる。親指で押せるボタンに機能を割り振るため、これを「親指AF」と呼び、置きピン撮影や、シャッターのタイミングを重視することが多い鉄道や野鳥、スポーツ撮影で重宝されている。親指AFの場合、フォーカス操作とレリーズ操作が切り離され、シャッターボタン半押しでAFロックを維持する必要がなくなる。ちなみに、AF-ONボタン以外に「AFオン」機能を割り当てることも可能だ（→P.102）。

［ 設定方法（シャッターボタン半押しAFオフ） ］

AF/MF（フォーカス）から［AF/MF］→［シャッター半押しAF］を選ぶ。

［切］に設定する。

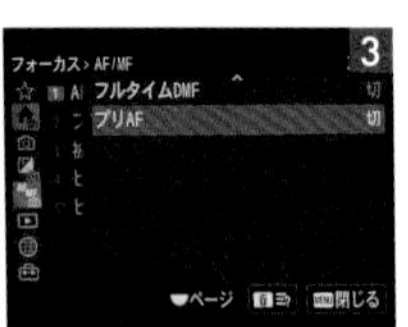

［AF/MF］から［プリAF］を選ぶ。

［切］に設定する。

AF-ONボタンを押すとピントが合う。動く被写体の場合は、押し続けるとピントが合い続ける。静物の場合は、一度ピントが合ったらボタンを離してもよい。なお、AF-ONボタンを押し続けてピントを合わせる使い方では、シャッター半押しAFが自動的に無効になるので、手順2で［切］に設定する必要はない。

2 AF-ONボタンが効果的なシーン

カメラを三脚に付けたときは、たとえ高速シャッターでも、いわゆる親指AFはおすすめできない。カメラの外からの振動が2方向から2回も発生するためだ。手持ちで撮影する場合は、高速シャッターならばおすすめできる。親指でピントを合わせ続け、シャッターを切るタイミングになったときに人差し指でシャッターボタンを押す。慣れると使いやすいので、ぜひ試してみてほしい。

[置きピン]

飛行機が通るコースがわかっていたので、あらかじめAF-ONボタンでピントを合わせた後、MFにしてピント位置が動かないように固定(置きピン)して待ち、ピントを合わせた場所を通る直前から連写した。

[飛行機撮影]

目の前を飛ぶ飛行機は広角ズームを35mm域にして1/2000秒で撮影した。このような場合、機動力がある手持ち+親指AFが効果的となる。

SECTION 07 フォーカスホールド

KEYWORD ▶ フォーカスホールドボタン ▶ フォーカスロック

1 シャッター半押しでフォーカスを固定

フォーカスモードを「AF-S」に、フォーカスエリアを「スポット」などの小さめの枠にして画面の中心に置く。シャッター半押しでピントが合った後、半押しのまま構図を調整してシャッターを全押しする。動きがあまりないものを撮るときは効果的なので、試してみてほしい。なお、手持ちだと半押しのときと全押しのときで微妙に被写体までの距離が変わるので、三脚の使用がベターである。

フォーカスモードを「AF-S」に、フォーカスエリアを「スポット:S」にして、シャッターボタンを半押ししてピントを合わせたら、半押しの状態をキープ。

半押しキープのまま、カメラを右に振って、アオサギの右側にスペースをとって、シャッターを全押しした。

2 フォーカスホールド機能でフォーカスを固定

レンズ横にあるフォーカスホールドボタンでも、シャッター半押しと同様に、フォーカスを固定する「フォーカスロック」が可能だ。フォーカスホールドボタンには、さまざまな機能を割り当てることができるが、デフォルトではフォーカスホールドが割り当てられている。

フォーカスホールドボタン

FE 24-105mm F4 G OSSレンズ。レンズ鏡胴の上にあるフォーカスホールドボタンを押している間、ピント位置を固定できる。

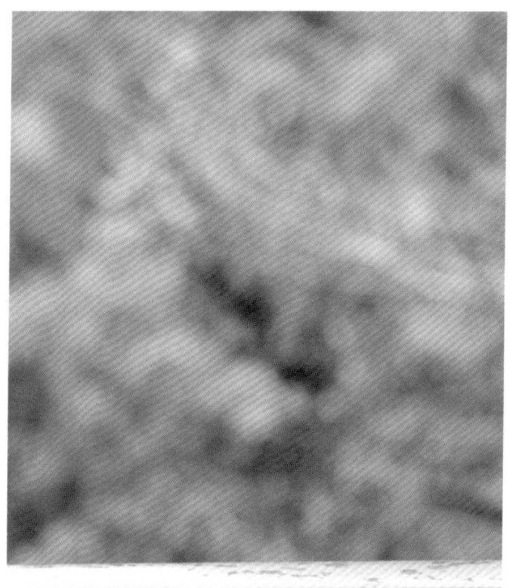

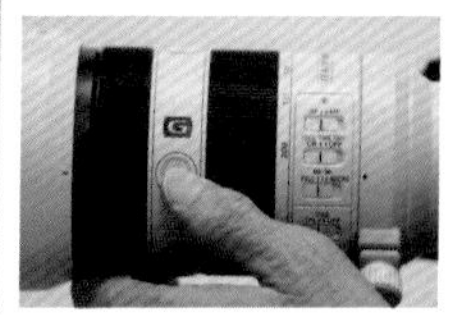

手前の柵にピントを合わせた瞬間にフォーカスホールドボタンを押すことでフォーカスをロック、奥の木や葉にピントが引っ張られないようにして撮影した。

SECTION 08 フォーカス機能の設定

KEYWORD ▶ AF-S·AF-Cの優先設定 ▶ ピント拡大時のAF ▶ AF時の絞り駆動

1 AF-SとAF-Cの優先設定の変更

フォーカスモードがAF-S、AF-C、どちらのときでもピント合わせの優先設定を「フォーカス優先」「レリーズ優先」「バランス重視」の3つから選択することができる。「フォーカス優先」はピントが合ったとカメラが判断したときにシャッターが切れる設定で、「レリーズ優先」は合焦よりもシャッターを切ることを優先する設定で、「バランス重視」はこの2つの中間的なものだ。

[設定方法]

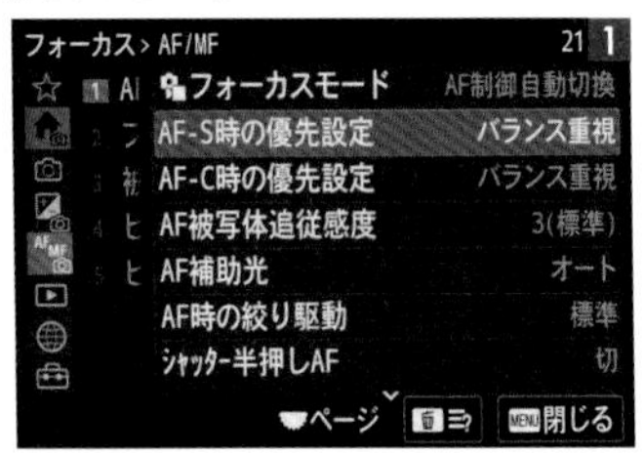

AFMF(フォーカス)から[AF/MF]→[AF-S時の優先設定]を選ぶ。

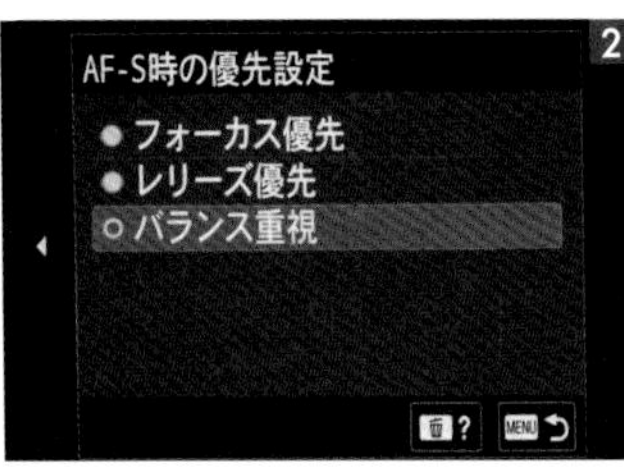

希望の設定を選択し、コントロールホイールの中央を押す。

[AF-S時優先]

AF-Sでは、被写体が何であれ、どのようなシーンでも常時「フォーカス優先」に固定している。

[AF-C時優先]

AF-Cで撮るときは、シーンによって設定を変えている。このときは「バランス重視」に設定して、巣材を運ぶアオサギを撮影した。

2 ピント拡大時のAF利用

ピント拡大中のAFを「入」にすることで、シビアなピント合わせを確実にすることができる。動きのある被写体を撮るときや手持ちでの撮影には向かないが、筆者は、三脚を使って静物を撮影するときは必ずと言っていいほど活用している。大変便利なので、ぜひ試してほしい。

［ 設定方法 ］

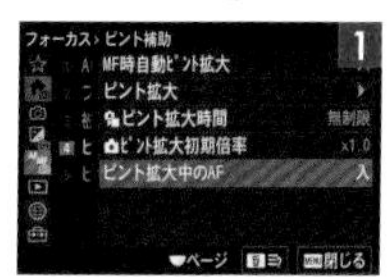

$^{AF}_{MF}$(フォーカス)の[AF/MF]→[ピント補助]→ [ピント拡大中のAF]を選び、[入]に設定する。

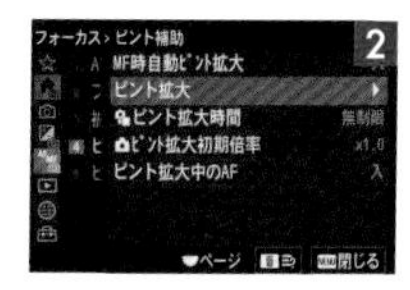

[ピント補助]から[ピント拡大]を選ぶ。

コントロールホイールで枠を拡大したい位置に移動してコントロー ルホイールの中央を押すと、拡大表示される。

コントロールホイールの中央を押すたびに拡大中の倍率が切り換わり、▲/▼/◀/▶で拡大位置を移動できる。

3 AF時の絞り駆動の設定

α7C IIはレンズの絞り駆動方式を「フォーカス優先」「標準」「サイレント優先」の3つから選ぶことができる。「フォーカス優先」はフォーカスの精度とスピードは向上するが、絞りの駆動音が鳴ることがある。「サイレント優先」は絞り駆動音を抑える設定だが、フォーカスのスピードが遅くなることがある。「標準」はフォーカスとサイレントのバランスを重視した設定である。

［ 設定方法 ］

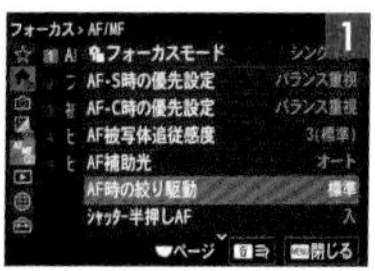

$^{AF}_{MF}$(フォーカス)の[AF/MF]→[AF時の絞り駆動]を選ぶ。

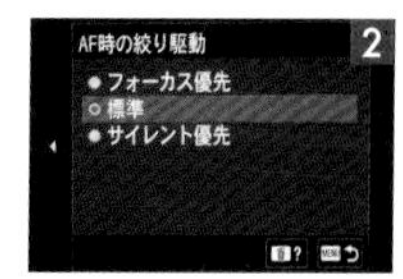

希望の設定を選ぶ。

SECTION 09 被写体認識AFの基本

KEYWORD ▶ 被写体認識AF ▶ 認識対象切換

1 被写体認識AFとは

人間の瞳を認識して、そこにフォーカスを合わせる瞳AFが進化して、動物や鳥の目も認識するようになった。その瞳AFが、さらに進化して、α7C IIでは、認識対象を「動物」や「鳥」に設定した場合、頭や体といった瞳以外の部位も認識・合焦するようになったので、被写体認識AFと呼んでいる。認識対象も増え、「昆虫」「車/列車」「飛行機」も認識対象に加わった。

AF時の被写体認識を「入」、認識対象は「鳥」、認識部位は「瞳」を選択して、スズメを撮影した。

［ 被写体認識AFの設定 ］

$^{AF}_{MF}$（フォーカス）の［AF/MF］→［被写体認識］→［AF時の被写体認識］を選ぶ。

［入］を選ぶ。

2 認識対象切換の設定

α7C IIの被写体認識AFは、認識対象が「人物」「動物/鳥」「動物」「鳥」「昆虫」「車/列車」「飛行機」と7つあるので、撮影前に迅速に設定を変更できるように、自分が使いやすいボタンに割り当てておくことをおすすめする。ちなみに筆者は、Fnボタンの下段左から2番目に割り当てている。

[設定方法]

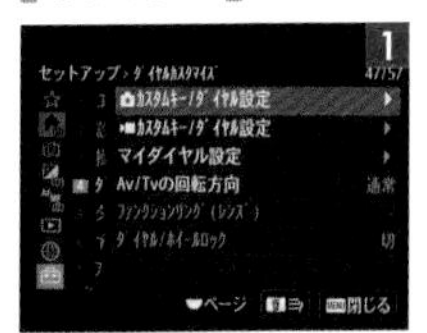

(セットアップ)から[操作カスタマイズ]→[カスタムキー/ダイヤル設定]を選ぶ。

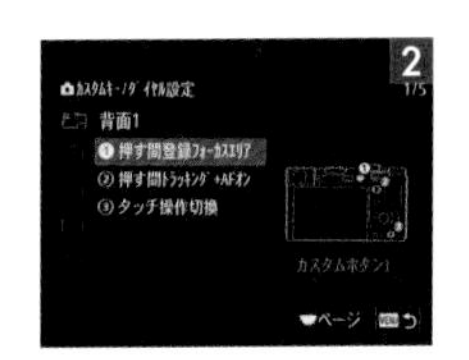

機能を割り当てたいC1ボタンを選ぶ。コントロールホイールの▲/▼でさらにボタンが表示される。

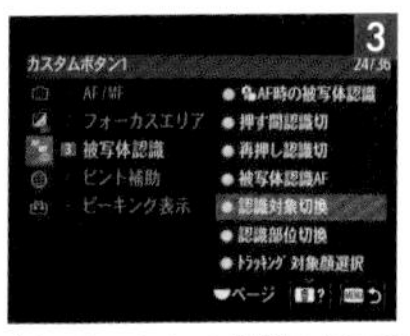

割り当てられる機能が表示されるので、[認識対象切換]を選ぶ。

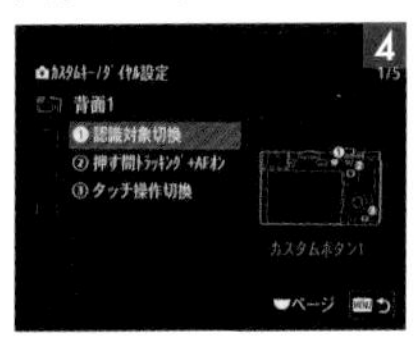

設定画面に割り当てた機能が表示される。

撮影画面でC1ボタンを押すと認識対象が表示される。

さらに押すと認識対象が切り替わる。

カスタムキーの被写体認識AF

カスタムキーに被写体認識AFを割り当てると、AF時の被写体認識が「入」「切」どちらに設定されていても、カスタムキーを押している間だけ被写体認識AFを使うことができるので、試してみてほしい。

SECTION 10 被写体認識AFの詳細設定

KEYWORD ▶ 被写体認識

1 トラッキング乗り移り範囲の設定

α7C IIの被写体認識AFの認識対象のうち「動物/鳥」を除く6つは、トラッキング乗り移り範囲を設定することができる。これは、トラッキング枠から離れたところにいる被写体にどれくらいの範囲で乗り移るかを設定できる機能で、1（狭い）から5（広い）の5段階の範囲で調節することができる。

［設定方法］

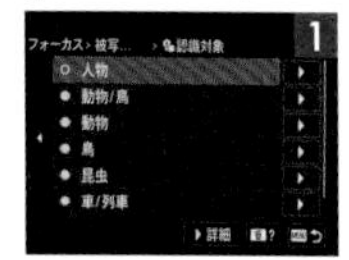

AF/MF（フォーカス）から［AF/MF］→［被写体認識］→［認識対象］から設定する認識対象を選ぶ。

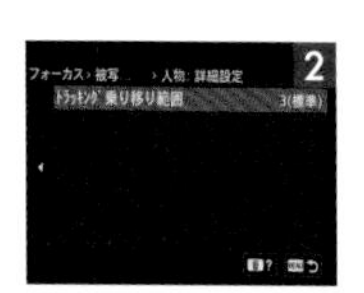

［トラッキング乗り移り範囲］を選び、コントロールホイールの▶で詳細設定をする。

希望の設定を選ぶ。

2 トラッキング維持特性の設定

「人物」「動物/鳥」の2つを除く5つでは、トラッキング維持特性の設定ができ、1（粘らない）から5（粘る）の5段階の範囲で調節することができる。トラッキングが続かずに狙っている被写体以外にピントが乗り移ってしまう場合には、5（粘る）に設定することで、ターゲットへのトラッキングを継続し続ける可能性が高くなる。

［設定方法］

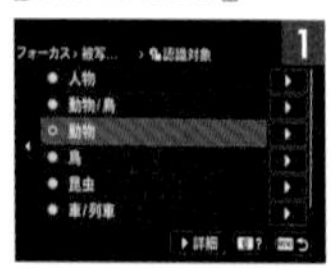

AF/MF（フォーカス）から［AF/MF］→［被写体認識］→［認識対象］から設定する認識対象を選ぶ。

［トラッキング維持特性］を選び、コントロールホイールの▶で詳細設定をする。

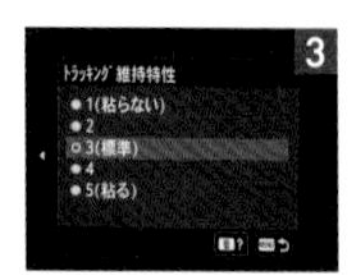

希望の設定を選ぶ。

3 認識感度の設定

「人物」「動物/鳥」2つを除く5つでは、認識感度の設定を変えることができ、1(低い)から5(高い)の5段階の範囲で調節することができる。被写体を何も認識しないときは5(高い)を選び、認識したいものと別の被写体を認識してしまう場合は1(低い)に近い方に設定することで、認識したい被写体を認識できる可能性が高くなる。

[設定方法]

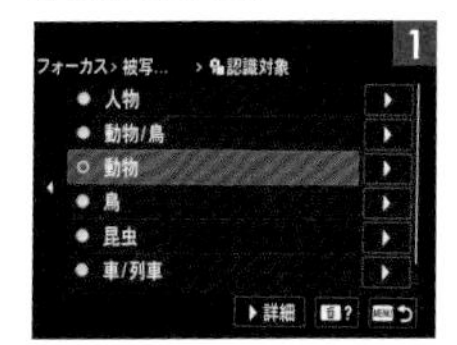

AFMF(フォーカス)から[AF/MF]→[被写体認識]→[認識対象]から設定する認識対象を選ぶ。

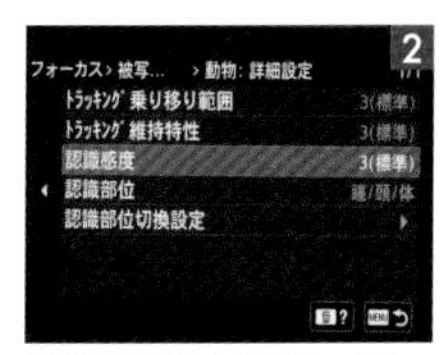

[認識感度]を選び、コントロールホイールの▶で詳細設定をする。

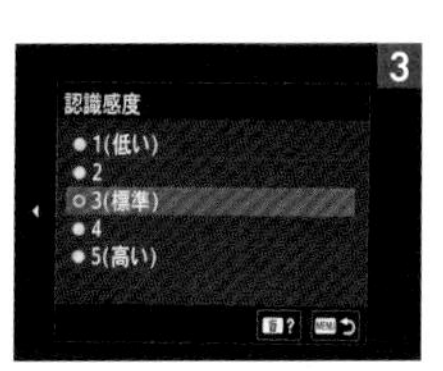

希望の設定を選ぶ。

4 認識の優先設定

「動物/鳥」のみ、動物と鳥を同時に認識した場合にどちらを優先するかを設定することができる。設定は「オート」「動物優先」「鳥優先」の3つから選択することができる。動物と鳥を1つの画面に入れて撮影する場合は積極的に活用していきたい。動物写真を撮る人にとっては、とても便利な機能である。

[設定方法]

AFMF(フォーカス)から[AF/MF]→[被写体認識]→[認識対象]から[動物/鳥]を選ぶ。

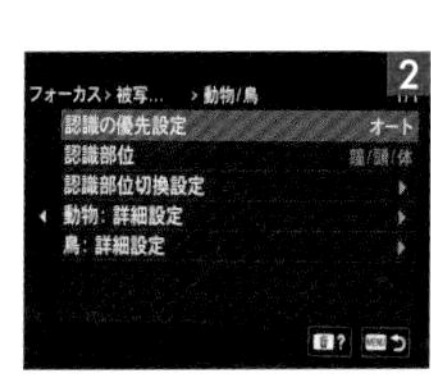

[認識の優先設定]を選び、コントロールホイールの▶を押す。

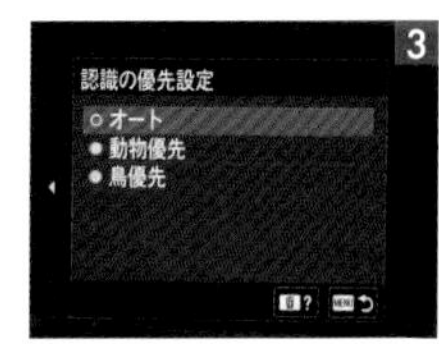

希望の設定を選ぶ。

5 認識部位の設定

「動物／鳥」「動物」「鳥」の3つは、認識部位を設定することができ、「動物」「鳥」の2つは、認識部位を「瞳／頭／体」「瞳／頭」「瞳」の3つから選択することができる。「動物／鳥」だけ、3つの選択肢ともう1つの選択肢「個別設定に従う」があり、認識対象ごとに異なる認識部位を設定することができる。

［ 設定方法 ］

AFMF（フォーカス）から［AF／MF］→［被写体認識］→［認識対象］から設定する認識対象を選ぶ。

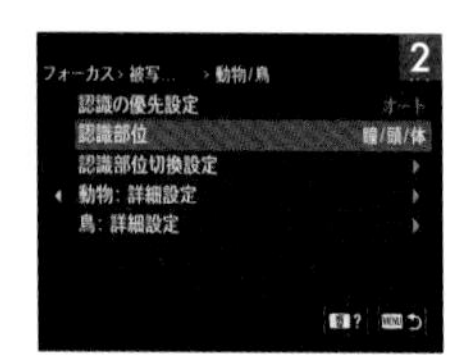

［認識部位］を選び、コントロールホイールの▶を押す。

希望の設定を選ぶ。

6 認識部位切換設定

「動物／鳥」「動物」「鳥」の3つはカスタムキーに「認識部位切換」を割り当てたときに、カスタムキーで切り換える認識部位を設定できる。認識部位の「瞳／頭／体」「瞳／頭」「瞳」の3つにチェックボックスがあり、すべてにチェックを入れると、3つの認識部位から選択できる。なお、「動物／鳥」だけ「個別設定に従う」がある。

［ 設定方法 ］

AFMF（フォーカス）から［AF／MF］→［被写体認識］→［認識対象］から設定する認識対象を選ぶ。

［認識部位切換設定］を選び、コントロールホイールの▶を押す。

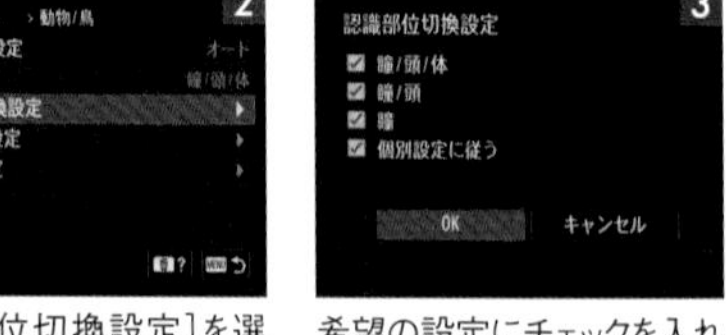

希望の設定にチェックを入れ「OK」を押す。

7 瞳にピントを合わせる

人間を含む動物や鳥などの生きものの撮影では、通常、特別な意図がある場合を除いて、目にピントを合わせるのが基本だ。α7C IIでは認識対象を「人物」または「動物」に設定しているときに、左右どちらの瞳にピント合わせを行うかを設定することができる。カメラが狙いの被写体の目にピントを合わせてくれるので、この機能をフルに活用したい。

[設定方法]

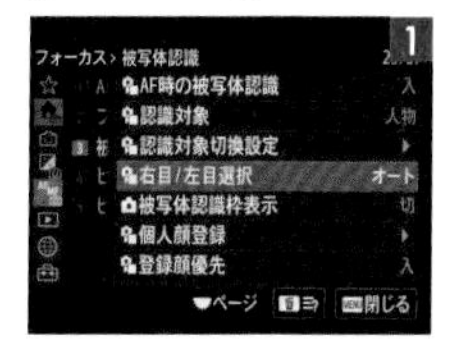

AF/MF(フォーカス)から[AF/MF]→[被写体認識]→[右目/左目選択]を選ぶ。

コントロールホイールの▲/▼で右目か左目かを選ぶ。

コントロールホイールの中央を押して設定する。

8 被写体認識枠表示設定

α7C IIの被写体認識は、認識した被写体に認識枠を表示するか否かを設定で選ぶことができる。被写体認識枠表示を「入」にすると、認識した被写体に白色の被写体認識枠が表示され、「切」に設定すると、認識した被写体に枠は表示されない。筆者は、視覚的に確認しやすいので、被写体認識枠表示は常時、「入」にしている。

[設定方法]

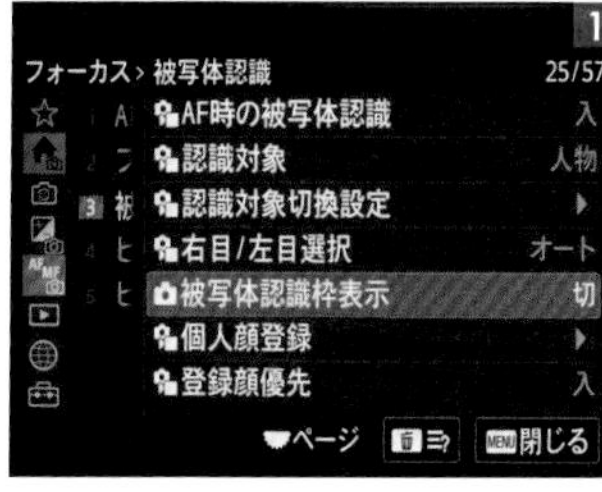

AF/MF(フォーカス)から[AF/MF]→[被写体認識]→[被写体認識枠表示]を選ぶ。

[入]を選ぶ。

SECTION 11

被写体認識AFの撮影(基本編)

KEYWORD ▶ 右目･左目

1 人物の撮影

被写体認識AFを使って、人物を撮影する場合、認識して合焦してくれる部位は瞳だけであるが、どちらの目にピントを合わせるかは前述したとおり、設定で変えることができる(→P.61)。どちらの目にピントを合わせるかをカメラが自動で判断する「オート」と、「右目」「左目」の3つから選択することができる。

[右目]
認識する瞳を右目に設定すると、モデルの右目を瞬時に認識、合焦してくれた。

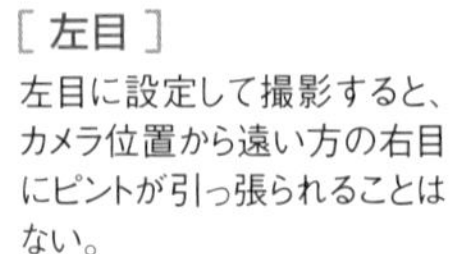

[左目]
左目に設定して撮影すると、カメラ位置から遠い方の右目にピントが引っ張られることはない。

2 動物／鳥の撮影

動物や鳥を撮影するときの認識対象は、これまでの「動物」と「鳥」の2つに加えて、新たに「動物/鳥」が追加された。「動物/鳥」の認識の精度は「動物」「鳥」に及ばないが、特殊な種類や姿勢以外だと、かなりの認識精度なので、積極的に活用したい。

[動物／鳥の場合]

認識対象を「動物/鳥」に設定して、動物園にいたエランドを撮影。4本の足と両目が見えているからだろうか、「動物/鳥」でも問題なく認識し、合焦してくれた。

[鳥の場合]

首を縮めた状態のアオサギをバストアップで撮影。全身を写さない場合は、保険をかける意味で「動物/鳥」ではなく「鳥」に設定して撮るのがおすすめだ。

3 昆虫の撮影

α7C IIになって新たに認識対象に加わったもののうちの1つが「昆虫」だ。認識できる昆虫の種類は、まだそれほど多くないと聞くが、それでも特殊な姿・形をしたものでなければ、かなりの精度で認識・合焦してくれる。

[クロップせずに撮影の場合]

ハーフマクロ機能があるFE 70-200mm F4 Macro G OSS IIを付けると、かなり寄りで切り撮ることができるので便利だ。認識対象は「昆虫」に設定して撮影した。

[APS-C S35で撮影の場合]

上の写真を撮影後すぐに「APS-C S35」に設定すると、認識したままの状態でこれくらいの大きさで写すことができる。

4 車／列車の撮影

昆虫だけでなく、「車/列車」も、新たに認識対象に加わった。新たに追加された認識対象ではあるが、すでにかなりの精度で認識・合焦してくれるので、ぜひ試していただきたい設定だ。

まずは動いていないもので試すべく、駅に停車中の電車を「車/列車」に設定して撮影。瞬時に認識・合焦してくれた。

5 飛行機の撮影

こちらの「飛行機」も、新たに加わった認識対象だ。飛んでいる飛行機は通常、背景までの距離が遠いことが多いのだが、何の問題もなく、認識してピントを合わせてくれる。

認識性能をテストするために、ハードルを上げて撮影した。飛行機を添景にして風景的にとらえたが、認識・合焦してくれた。

SECTION 12

被写体認識AFの撮影（応用編）

KEYWORD ▶ 被写体認識 ▶ 認識部位切換

1 動く人物の撮影

α7C IIは、専用のAIプロセッシングユニットを搭載することで、骨格情報や姿勢推定技術による判別処理を行うことができ、これまでよりも高精度に被写体認識をすることが可能となった。人間を撮る場合は顔がマスクやサングラスで覆われているシーンでも、認識・合焦し続けることができる。

自転車で走っているところを撮影。ペダルをこぐ足が動き続けているにもかかわらず、瞳をロストすることなく、認識・合焦し続けた。

常に被写体認識を設定する癖を付ける

これまでは、人が歩いたり、走ったりしているときは被写体認識に問題はなかったが、自転車などに乗っているときは瞳をロストすることがあった。これを解消したのが被写体認識AFだ。人物が速く動く場合の撮影では、被写体認識AFは常に［入］にしておくとよいだろう。

2 認識部位切換で野鳥を撮影

認識対象を「鳥」に設定した場合、これまでの瞳に加えて、新たに頭や体の認識も可能になった。認識対象を鳥に選んだ後、上から4番目の認識部位のところから「瞳/頭/体」「瞳/頭」「瞳」の3つから選択することができる。筆者の場合、通常は「瞳」で、カメラ位置から鳥までの距離が遠いときや体の一部が見えていないときは、「瞳/頭/体」か「瞳/頭」に認識部位を変えて撮影することが多く、瞳を認識できなかった場合に備えている。

曇天で光が拡散し、尾が見えていないシーンだったので、認識部位を「瞳/頭」に設定してオナガガモを撮影した。

3 動く列車を撮影

認識対象を「車/列車」に設定して、動く電車などを撮影するときは、フォーカスモードを「AF-C」にして、フォーカスエリアは、「トラッキング:○○」に設定する。○○のところは、列車のほとんどがフォーカスエリアの枠内に入る広めのエリアを選択することが多い。こうすることで、認識し、追従し続けてくれる。

こちらに向かって走ってくる電車を「AF-C」+「トラッキング:ゾーン」で撮影。撮りたい場所にくる少し前からシャッター半押しを続け、狙いのところにくる直前から全押しして連写した。

SECTION 13 タッチフォーカス／タッチシャッター

KEYWORD ▶ タッチフォーカス ▶ タッチシャッター

1 タッチフォーカスの設定

AFは通常、ファインダーをのぞきながらシャッターボタンを半押ししてピントを合わせるが、別の方法もある。それが「タッチフォーカス」で、背面のモニターを指でタッチしてピントの位置を指定できる。メニュー画面のセットアップから設定する方法は以下のとおりだ。

［ 設定方法 ］

（セットアップ）から［タッチ操作］→［タッチ操作］の［入］を選ぶ。

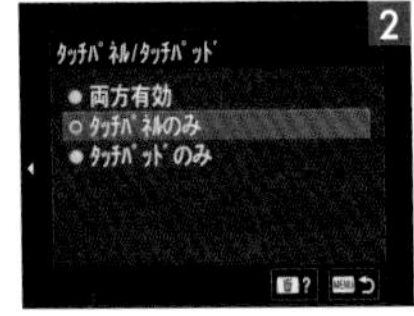

［タッチ操作］の［タッチパネル/タッチパッド］→［タッチパネルのみ］（または両方有効）を選ぶ。

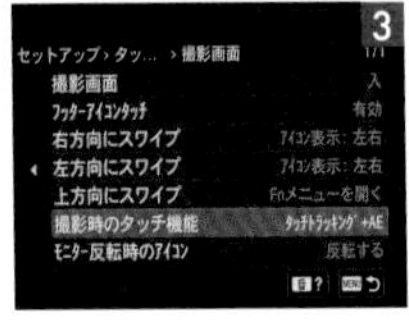

（セットアップ）の［タッチ操作］→［タッチパネル設定］→［撮影画面］→［撮影時のタッチ機能］を選ぶ。

［タッチフォーカス］を選ぶ。

撮影画面に［タッチフォーカス］のアイコンが表示される。

モニターをタッチすると、被写体にフォーカス枠が表示される。

ONE POINT タッチフォーカスとタッチトラッキングの使い分け

［撮影時のタッチ機能］では、「タッチフォーカス」と「タッチトラッキング」を選択することができる。使い分けの例としては、止まっている被写体を撮影する場合は「タッチフォーカス」、動いている被写体を撮る場合は「タッチトラッキング」にセットすることをおすすめする。

2 タッチシャッター撮影

続いては「タッチシャッター」で撮影してみてほしい。モニターを見ながらフォーカスを合わせたいところにタッチすると、自動でピントを合わせて撮影できる。写真歴が長い人は、この機能に抵抗があるかもしれないが、直感的に操作できて便利なので、試していただきたい。

［ 設定方法 ］

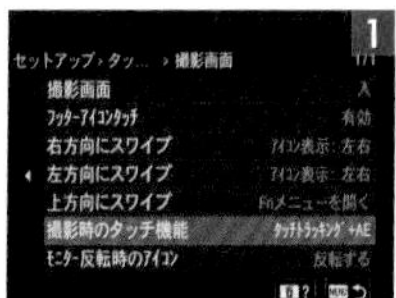

（セットアップ）の［タッチ操作］→［タッチパネル設定］→［撮影画面］→［撮影時のタッチ機能］を選ぶ。

［タッチシャッター］を選ぶ。

背面液晶を見ながら、タッチシャッターでユキヤナギを撮影した。

フォーカスを合わせたいところにワンタッチで撮影できた。

SECTION 14 マニュアルフォーカス機能

KEYWORD ▶ ピント拡大 ▶ ピーキング

1 ピント拡大の活用

MF（マニュアルフォーカス）時に「ピント拡大」の機能を使えば、画像を拡大してピント位置を確認しやすくなる。被写体を大写しするマクロ的な表現などではぜひ試してほしいおすすめの機能だ。ピント拡大で拡大表示する時間や初期倍率はAFMF（フォーカス）の「ピント補助」から設定可能で、MF以外のAF系のフォーカスモードでも利用できる。

［ 設定方法 ］

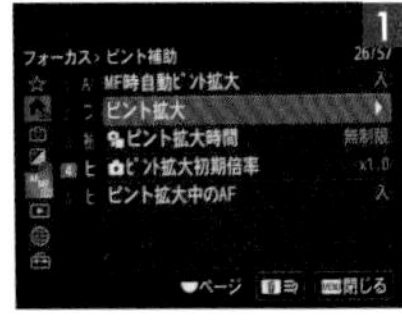

1 AFMF（フォーカス）から［AF/MF］→［ピント補助］→［ピント拡大］を選ぶ。

2 コントロールホイールの中央を押す。押すたびに拡大倍率が切り換わる。

3 コントロールホイールの▲/▼/◀/▶で拡大位置を調整する。

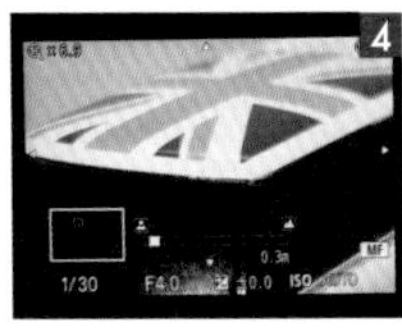

4 レンズのフォーカスリングを回して、ピントを調整する。

MF時自動ピント拡大の活用

「MF時自動ピント拡大」はピント拡大時間とピント拡大初期倍率を設定で変えることができる。また、「ピント拡大中のAF」ではピント拡大中にAFを使うこともできる（→P.55）。

1 AFMF（フォーカス）から［ピント補助］→［MF時自動ピント拡大］を選び、［入］に設定する。

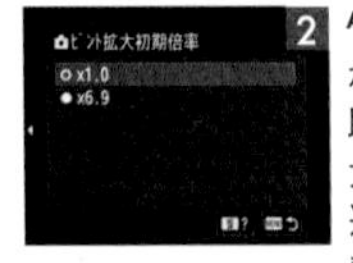

2 AFMF（フォーカス）から［ピント補助］→［ピント拡大初期倍率］を選び、希望の倍率を設定する。

2 ピーキングレベル／ピーキング色機能

ピント位置を強調してくれる機能が「ピーキング」だ。ピーキングの強弱は、「高」「中」「低」の3段階から選ぶことができ、ピーキングの色も「レッド」「イエロー」「ブルー」「ホワイト」から選択できる。撮影前に被写界深度の確認が視覚的にできるので、活用したい。

［ 設定方法 ］

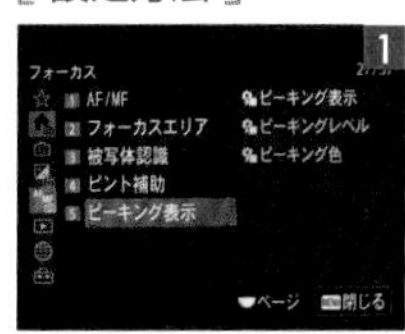

AFMF(フォーカス)から[AF/MF]→[ピーキング表示]を選ぶ。

[ピーキング表示]を選ぶ。

[入]に設定する。

希望のピーキングレベルを選択する。

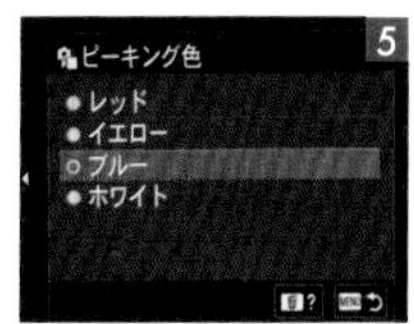

希望のピーキング色を選択する。

MFでフォーカスリングを動かすと、ピントが合っている部分に色が付く。

ピーキング表示を「入」にし、ピーキングレベルを「高」にして撮影。パンフォーカス時はもちろん、このように背景をボカして撮影したいときも被写界深度を確認する意味でピーキングは便利だ。

3 AF／MF切換

特定のボタンに「AF/MF切換」を割り当てると、カメラのホールディングを崩すことなくAFとMFを瞬時に切り換えられる。フォーカスモードスイッチのないレンズでマクロ撮影をする際など、一時的にMFに切り換えてフォーカスリングを回すと、MF時自動ピント拡大機能で自動的に画面が拡大されてピント合わせが容易に行える。

［ 設定方法 ］

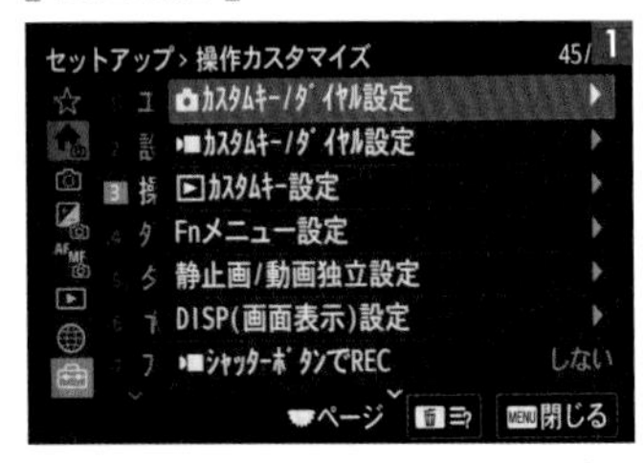

(セットアップ)の[操作カスタマイズ]→[カスタムキー/ダイヤル設定]を選ぶ。

AF/MF切換を割り当てるボタンを選ぶ。

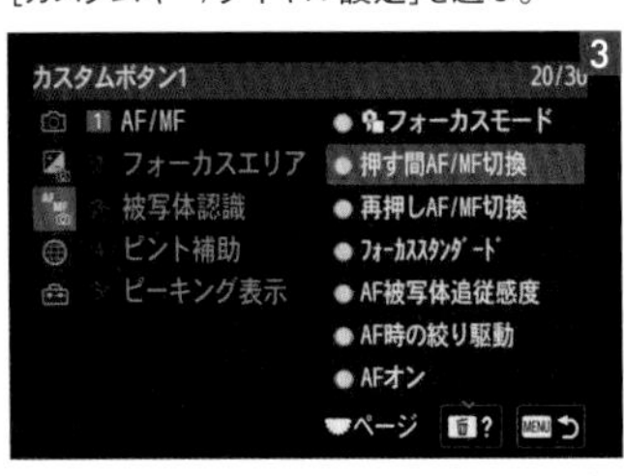

ボタンを押し続けている間だけAF/MFが切り換わる[押す間AF/MF切換]、またはボタンを押すたびにAF/MFが切り換わる[再押しAF/MF切換]を選ぶ。

登録した機能が反映される。

MFとDMFの使い分け

MFはシャッターボタンを半押ししてもAFは動かないが、DMF（ダイレクトマニュアルフォーカス）にすると、シャッターボタン半押しでAFが動き、さらに手動でもフォーカスが動く。DMFはAFで合焦後にMFでフォーカス位置を微妙に調節したいときに便利なので、マクロ的な表現で撮りたいときはおすすめだ。また、AFMF（フォーカス）から[AF/MF]→[フルタイムDMF]を[入]に設定すれば、AF中でも常にマニュアルフォーカス操作が可能となる。

第3章

露出機能

SECTION 01 露出モードの設定
SECTION 02 絞り優先（Aモード）
SECTION 03 シャッタースピード優先（Sモード）
SECTION 04 露出補正
SECTION 05 ISO感度
SECTION 06 測光モード
SECTION 07 測光モードの詳細設定
SECTION 08 マニュアル露出／バルブ撮影

SECTION
01 露出モードの設定

KEYWORD ▶ Pモード

1 露出モードの設定

デジタルカメラには、撮影するシーンや目的に合わせて、絞り値、シャッタースピード、ISO感度などの数値を決めるための「露出モード」という機能がある。α7C IIには、P（プログラムオート）、A（絞り優先）、S（シャッタースピード優先）、M（マニュアル露出）、AUTO（オート）の5種類の露出モードが備わっているので、それぞれの特徴を理解した上で設定するとよい。

［ 各露出モードの特徴 ］

モードダイヤル	露出モード	特徴
P	プログラムオート	露出（シャッタースピードと絞り値）をカメラが自動設定する。ISO感度などの撮影設定は自分で調整できる。
A	絞り優先	絞り値を優先して設定し、シャッタースピードは自動で調整される。背景をぼかしたいときや画面全体にピントを合わせたいときに選ぶ。
S	シャッタースピード優先	シャッタースピードを優先して設定し、絞り値は自動で調整される。動きの速い被写体をブレずに撮影したいときや、水や光の軌跡を撮影したいときに選ぶ。
M	マニュアル露出	絞り値とシャッタースピードの両方を手動で調節する。自分の好みの露出で撮影できる。
AUTO	オート	カメラまかせでシーンを認識して撮影する。

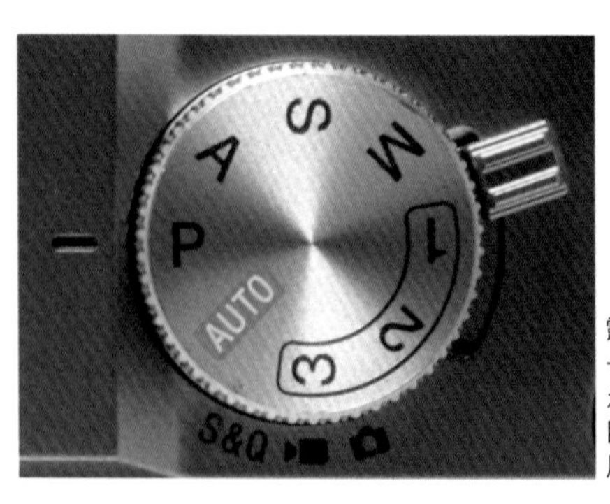

露出モードは、カメラ上部の「モードダイヤル」を回すことで切り換えができる。撮影シーンや表現の目的に合わせて、切り換えて使用するとよい。

Pモード

2 プログラムオートで撮影

Pモード（プログラムオート）は、絞り値とシャッタースピードをカメラが自動で決めてくれるモードである。さらに、ISO感度もオートにすることで、露出は完全に自動となる。スマートフォンのような感覚で撮影できるので、はじめてカメラを使うときは、このモードから練習してみるとよい。また、速写するときにも便利なモードである。

［設定方法］

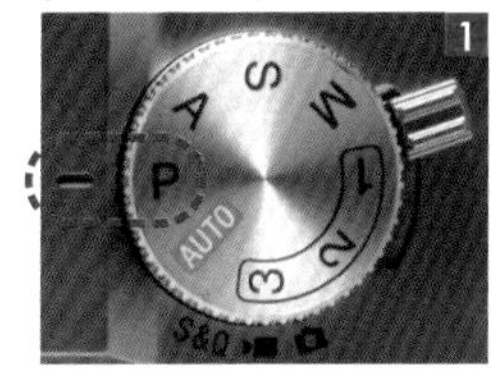

モードダイヤルをP（プログラムオート）に合わせる。

カメラが自動で設定した絞り値とシャッタースピードが表示される。

DATA

モード	P
絞り	F6.3
シャッター	1/400秒
ISO	4000
WB	オート
露出補正	±0
焦点距離	347mm
レンズ	FE 200-600mm F5.6-6.3 G OSS

桜の撮影の下見に行ったとき、念のためカメラも持って行った。次回の撮影本番の前資料としてプログラムオートで速写した。

プログラムシフトとは

フラッシュを使用していないとき、カメラが出した適正露出のままで、絞り値とシャッタースピードの組み合わせを変更することができる。Pモードのままで、前ダイヤル／後ダイヤルLを回すと、モニターの表示が「P*」に変わり、絞り値とシャッタースピードの組み合わせが選べる。

SECTION 02 絞り優先(Aモード)

KEYWORD ▶ Aモード ▶ 絞り開放 ▶ パンフォーカス

1 絞り優先の設定

モードダイヤルをAにすると、撮影者が任意で絞り値を決めることができる。シャッタースピードは、その絞り値に応じて、カメラが自動で決めてくれる。フォーカスポイント以外を大きくぼかしたいときは絞りを開けて(数字を小さくする)、ボケを小さくしたいときは絞りを絞る(数字を大きくする)とよい。

[設定方法]

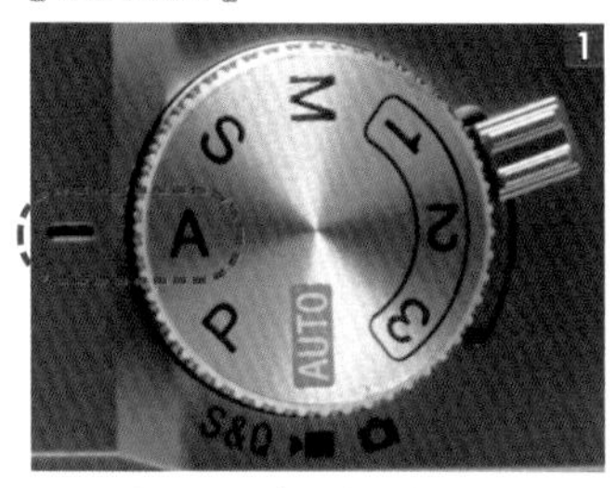

モードダイヤルをA(絞り優先)に合わせる。

絞り優先の設定が画面に表示されるので、前/後ダイヤルLを回す。

前/後ダイヤルLを回すごとに絞り値が変化する。シャッタースピードは絞り値に合わせて自動で設定される。

2 背景をぼかす撮影

背景を大きくぼかすには、絞りを開けて開放近くから撮るとよい。そして、レンズの焦点距離が長くなればなるほど、ボケは大きくなる。さらに、カメラ位置から被写体までの距離が近くなればなるほど、ボケは大きくなる。なので、フォーカスポイント以外を大きくぼかしたいときは、「絞り開放+望遠系レンズ+被写体に寄る」ことが必要となる。

DATA

モード	A
絞り	F6.3
シャッター	1/200秒
ISO	640
WB	オート
露出補正	±0
焦点距離	600mm
レンズ	FE 200-600mm F5.6-6.3 G OSS

FE 200-600mm F5.6-6.3 G OSSを600mmm域にして、絞りを開放にして撮影することで、モズの背景を大きくぼかした。

3 パンフォーカス撮影

絞りを絞る(数字を大きくする)ことで、フォーカスポイント以外のボケは小さくなる。また、レンズの焦点距離が短くなればなるほど、カメラ位置から被写体までの距離が遠くなればなるほど、ボケは小さくなる。ボケが究極まで小さくなったとき、あたかも画面全体にピントがあっているかのような状態になる。これをパンフォーカスという。

DATA

モード	A
絞り	F11
シャッター	1/250秒
ISO	100
WB	オート
露出補正	±0
焦点距離	200mm
レンズ	FE 70-200mm F4 Macro G OSS II

FE 70-200mm F4 Macro G OSS IIを200mm域にして撮影しているが、画面の中の要素すべてが遠景のため、F11でパンフォーカス気味に描写することができた。

SECTION 03 シャッタースピード優先(Sモード)

KEYWORD ▶ Sモード ▶ 高速シャッター ▶ 低速シャッター

1 シャッタースピード優先の設定

モードダイヤルをSにすると、撮影者が任意でシャッタースピードを決めることができる。絞り値は、そのシャッタースピードに応じて、カメラが自動で決めてくれる。瞬間を写し止めたいときはシャッタースピードを速くして、スローな瞬間を伝えるときや時間の経過を表現したいときはシャッタースピードを遅くするとよい。

[設定方法]

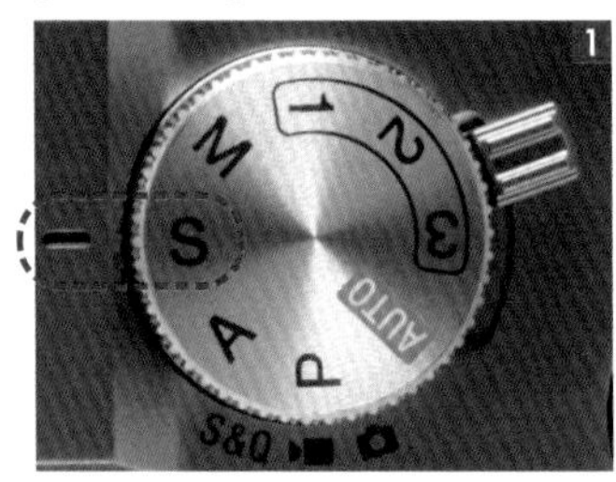

モードダイヤルをS(シャッタースピード優先)に合わせる。

シャッタースピード優先の設定が画面に表示されるので、前/後ダイヤルLを回す。

前/後ダイヤルLを回すごとにシャッタースピードが変化する。絞り値はシャッタースピードに合わせて自動で設定される。

2 高速シャッターで撮影

シャッタースピードを速くすることで、瞬間を写し止めることができる。どれぐらいのスピードが適切かの目安は撮影現場での判断となり、被写体が動くスピード、被写体までの距離、レンズの焦点距離などを総合的に判断してシャッタースピードを決定する。慣れるまでは、1/1000秒前後を基準にして、シャッタースピードを変えながら研究するとよい。

DATA

モード	S
絞り	F5.6
シャッター	1/2000秒
ISO	400
WB	オート
露出補正	±0
焦点距離	355mm
レンズ	FE 100-400mm F4.5-5.6 GM OSS

水しぶきを写し止めるために、噴水を1/1000秒で撮影し、カメラの背面モニターで結果をチェック。もっと速い方がよいと判断して、1/2000秒にセットして撮影した。

3 低速シャッターで撮影

あえて被写体ブレをさせることでしか伝えられないものがある。ゆっくりとした時間の流れなどがそうだが、こういうものを伝えるときは、シャッタースピードを遅くして撮影する。1/4秒や1/2秒で撮影、場合によっては数秒間や数十秒間シャッターを開けっぱなしにするので、三脚+セルフタイマーはマストとなる。

DATA

モード	S
絞り	F20
シャッター	2秒
ISO	100
WB	オート
露出補正	±0
焦点距離	355mm
レンズ	FE 100-400mm F4.5-5.6 GM OSS

NDフィルターを付けて、シャッタースピードを2秒にして、上と同じ噴水を撮影。高速シャッターで撮影した上の写真との描写の違いは一目瞭然だ。

SECTION 04 露出補正

KEYWORD ▶ プラス補正 ▶ マイナス補正 ▶ ハイキー ▶ ローキー

1 プラス補正とマイナス補正

カメラに内蔵されている露出計が出した答えに問題があることはあまりない。ただ、選択した測光方式が適切ではなかったときには、カメラが出した適正露出に対して補正をする必要がある場合がある。また、何かしらの意図があって、現実よりも明るく（暗く）撮りたい場合、カメラは撮影者の意図までは読み取ってくれない。そんなときも露出補正をする必要がある。

[プラス補正]

花が咲いているところは日陰で、背景の空との明暗差が強いので、プラス1補正して撮影した。

[マイナス補正]

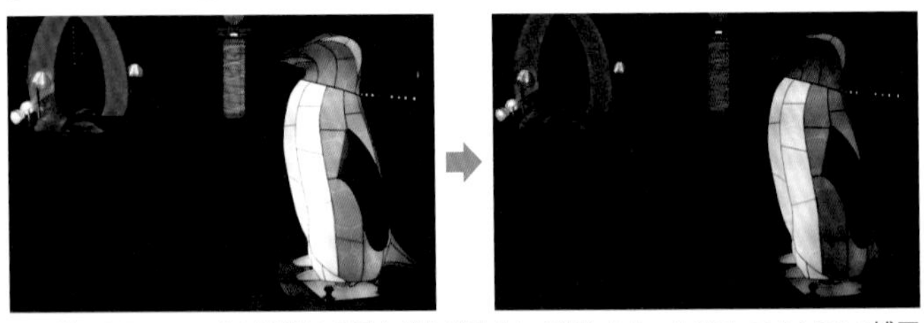

ペンギンのモニュメントが暗闇から浮かび上がるイメージにしたかったので、マイナス1.3補正して撮影した。

[設定方法]

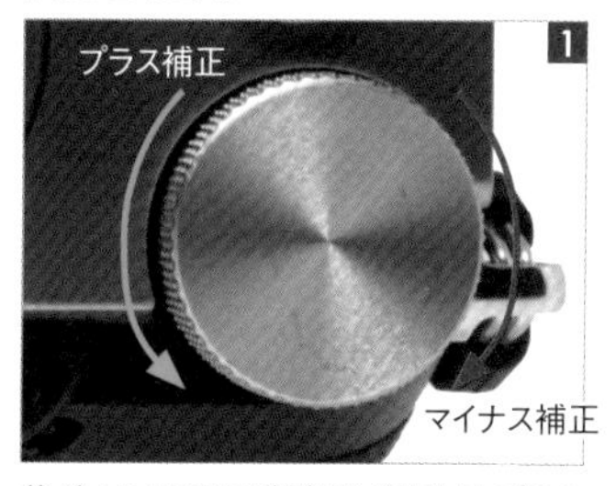

後ダイヤルRを反時計回りに回すとプラス補正。時計回りに回すとマイナス補正になる。

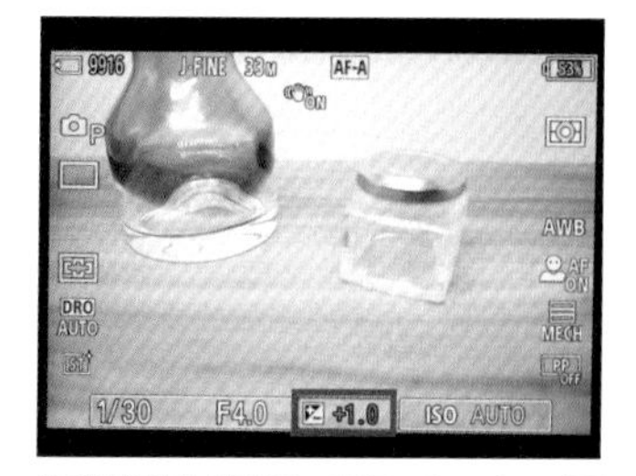

露出補正値を画面で確認できる。なお、（露出/色）→［露出補正］→［露出補正］でも、±5段分の補正が可能だ。

2 ハイキー・ローキーで撮る

明るい背景でリアルの明るさよりも明るく撮った写真をハイキーという。逆に、暗いバックで現実よりも暗く撮った写真をローキーという。ハイキー、ローキー、ともに適正露出とは言えないが、しっかりとした意図があれば、リアルの明るさとは大きく異なる明るさで撮るのも1つの表現だ。慣れるまでは明るさを変えながら実験してみよう。

[ハイキー]

春のふわっとしたイメージや満開の花のはなやかさを伝えるために、プラス1.7補正して、ハイキー調とした。

[ローキー]

施錠するところが錆びていた。この古びれたイメージや重厚感を伝えるために、マイナス1.7補正して、故意にローキー調で撮影した。

SECTION 05 ISO感度

KEYWORD ▶ ISO感度 ▶ 画質 ▶ ISO AUTO

1 ISO感度の目安

フィルムの粒子を荒くすることで、光を通しやすくして、光に対する感度を高くしたフィルムを高感度（ISO感度が高い）フィルムという。逆に、粒子を細かくすることで、光は通りにくくなるが、きめ細かい画質で撮れるフィルムを低感度（ISO感度が低い）フィルムという。デジタル時代の今は、ISO感度は電気的に光を増幅させている違いはあるが、フィルムに準じて考えて問題はない。

［ 設定方法 ］

1 コントロールホイールの▶（ISO）を押すと、ISO感度の設定画面がモニターに表示される。

2 ▲/▼でISO感度を希望の数値に変更できる。

［ ISO感度の目安 ］

ISO100〜400	高画質で写真を残したかったので、三脚＋セルフタイマーで0.4秒で撮影。ISO感度を200で抑えることができた。
ISO400〜1600	ほんの少しではあるが、モズがとまっている枝が揺れていたので、ブレないギリギリのところを落とし所とし、ISO感度を800で抑えた。
ISO1600〜6400	三脚がないときは、手ブレ補正の活用とISO感度を上げて対応する。このときはISO感度を3200で撮影した。
ISO6400〜	メジロがちょこまかと動き回っていたので、シャッタースピードを上げる必要があり、ざらつきは犠牲にして、ISO感度を6400に上げて対応した。

2 ISO AUTOの詳細設定

ISO感度は、絞り値とシャッタースピードを補完する役割を担うことが多いので、P／A／Sモードの自動露出で撮影する際に、ISO感度が自動で設定される範囲を登録しておくとよい。ISO AUTO時のISO感度の上限を設定しておけば、自動でISO感度が限界まで上がり、画質が粗くなってしまうのを防げる。また「低速限界」では、P／AモードでISO AUTOに設定している際、シャッタースピードの変動による望まないブレやノイズが発生してしまうのを防ぐため、ISO感度が変わりはじめるタイミングを指定することもできる。

［ 上限・下限の設定方法 ］

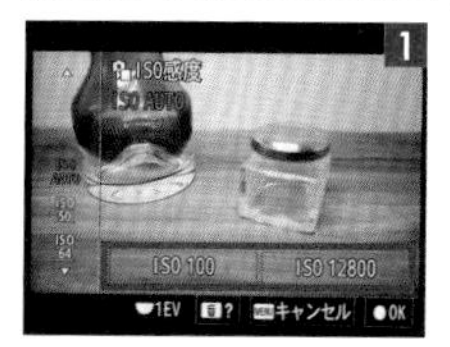

コントロールホイールの▶（ISO）または、☒（露出/色）→［露出］→［ISO感度］から［ISO AUTO］を選び、コントロールホイールの▶を押す。

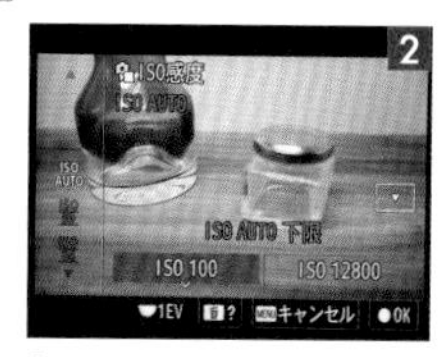

［ISO AUTOの下限］の希望の値をコントロールホイールの▲／▼で設定する。

コントロールホイールの▶を押し、［ISO AUTOの上限］を同様に設定する。

［ 低速限界の設定方法 ］

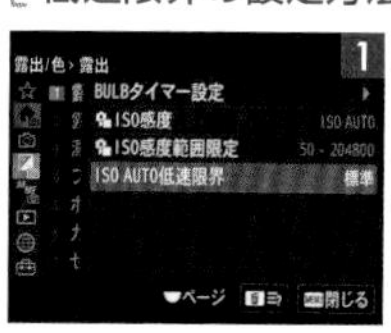

☒（露出/色）から［露出］→［ISO AUTO低速限界］を選ぶ。

希望の設定を選択する。

［ ISO AUTO低速限界の種類 ］

SLOWER（より低速）/SLOW（低速）	［標準］よりも遅いシャッタースピードでISO感度が変わりはじめるため、ノイズの少ない写真を撮影できる。
STD（標準）	レンズの焦点距離に応じてカメラが自動で設定する。
FAST（高速）/FASTER（より高速）	［標準］よりも速いシャッタースピードでISO感度が変わりはじめるため、手ブレや被写体ブレを抑えることができる。
1/8000 ～ 30"	設定したシャッタースピードでISO感度が変わりはじめる。

SECTION 06 測光モード

KEYWORD ▶ 測光モード

1 測光モードの種類

P/A/Sモードの自動露出モードで撮影する際、画面のどの部分を基準に露出を測るのかを決めるのが測光モードだ。α7C IIでは5種類の測光モードを被写体によって使い分けることができる。

[測光モードの種類]

マルチ	複数に分割したモニターを各エリアごとに測光し、画面全体の最適な露出を決定する。
中央重点	モニターの中央部に重点をおきながら、全体の明るさを測光する。
スポット	スポット測光サークル内のみで測光する。画面内の特定の場所を部分的に測光したいときに適している。
画面全体平均	画面全体を平均的に測光する。構図や被写体の位置によって露出が変化しにくい。
ハイライト重点	画面内のハイライト部分を重点的に測光する。被写体の白とびを抑えて撮影したいときに適している。

[設定方法]

1 (露出/色)から[測光]→[測光モード]を選ぶ。

2 希望の測光モードを選択し、コントロールホイールの中央を押す。

ONE POINT AEロックで露出を固定する

AEロックとは、背景と被写体の明暗差が激しい場合に、被写体が適正露出になるところで測光し、露出を固定して撮影する方法である。測光したいところにフォーカスを合わせ、「再押しAEL」を設定したボタンを押すとモニターにAEロックマークが表示され、露出が固定される。設定したボタンを押したまま、撮りたい被写体にフォーカスを合わせ直して撮影すると、固定した露出値のまま撮影できる。

2 測光モードの使い分け

明暗差があまりないシーンでは「画面全体平均」で、白とびさせたくないときは「ハイライト重点」で、といった具合に、被写体の明暗差などに応じて測光モードを使い分けると、露出の失敗を防げる。慣れるまでは、動きがない同じ被写体を、絞り値とシャッタースピード、ISO感度を固定して、すべての測光モードで撮り分けて、それぞれの傾向をつかむとよい。

[マルチ]

画面の中に明るい空や陰のところなど、明るいところと暗いところが混在しているシーンでは「マルチ測光」にすれば、間違いはない。

[中央重点]

左上の空が画面の中でいちばん明るいところ。ここを測光しない「中央重点」を選択することで、主役の時計台を適切な明るさで写すことができた。

[スポット]

被写体にスポット的に光が当たっている状況では、いちばん明るいところをピンポイントで測光できる「スポット」が便利だ。

[画面全体平均]

色彩のコントラストはそれなりにあるが、明暗のコントラストはそれほどない。このようなシーンでは「画面全体平均」を活用するとよい。

[ハイライト重点]

看板が読めることを最優先事項にして撮影したかったので、看板の白が白とびしないように、「ハイライト重点」を選択した。

SECTION 07 測光モードの詳細設定

KEYWORD ▶ 露出基準調整

1 露出基準調整

α7C IIはカメラ内蔵の露出計の基準を変更することができる。これを露出基準調整という。カメラ内の露出計は正確なので、露出基準調整をする必要は通常ない。ただ、ハイライト重点測光のときはプラス補正することが多いなど、自分の露出補正に一定の傾向があるのであれば、それを登録する意味で露出基準調整をしておくのも1つの方法だ。

［ 設定方法 ］

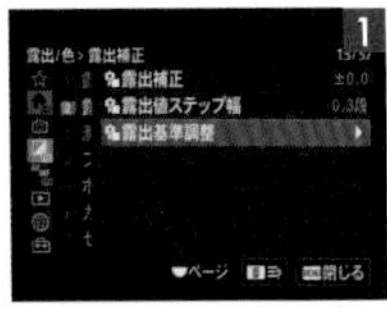

（露出/色）から［露出補正］→［露出基準調整］を選ぶ。

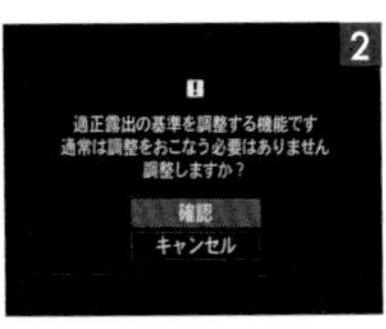

［確認］を選ぶ。

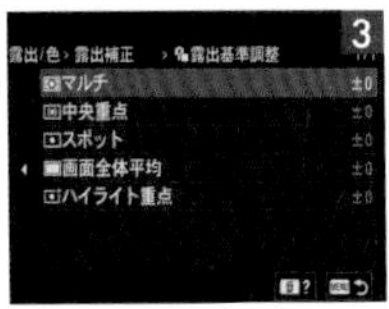

希望の測光モードを選ぶ。

希望の基準値を選ぶ。

［ ハイライト重点0 ］

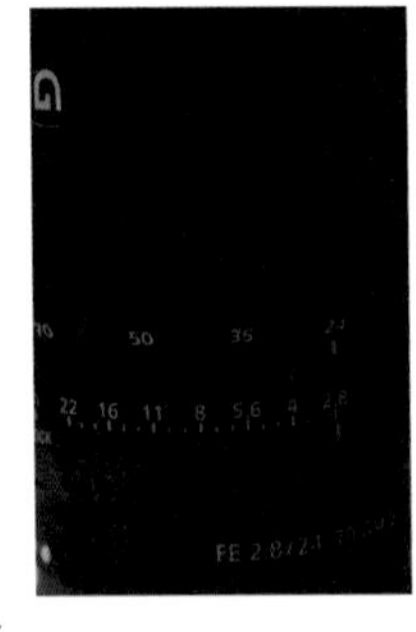

ハイライト重点測光にして、レンズを撮影。いちばん明るい数字のところは適正な明るさになっているが、鏡胴の黒のところはつぶれ気味になっている。

［ ハイライト重点+1 ］

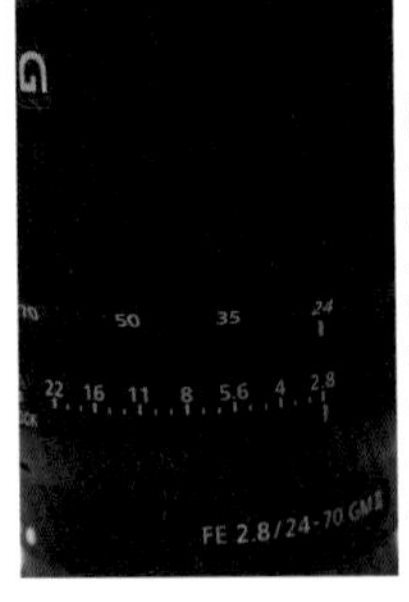

露出基準調整を＋1にして撮影したので、黒いところがつぶれていない。露出補正でも同じ意味だが、作業効率が上がるので、露出基準調整も活用したい。

2 マルチ測光時の顔優先

測光モードを「マルチ」に、かつ[AF時の被写体認識]をONにしている場合、顔を検出する前にカメラが画面全体の露出を割り出し、顔を検出した途端に顔を基準に露出を変更してしまうことで、露出が乱れることがある。その場合は、マルチ測光時の顔優先を「切」に設定し、顔検出と露出を連動させないようにしておくとよい。設定は、(露出/色)の[測光]→[マルチ測光時顔優先]から行う。

3 スポット測光位置とフォーカスエリア

「スポット」は画面中のごく一部の明るさを測り、そこを基準に露出を決める測光モードだ。スポット測光する場所をフォーカスエリアと連動させておけば、ピント位置に合わせて自在に測光することができる。

[設定方法]

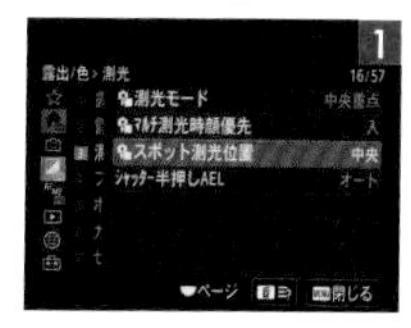

(露出/色)から[測光]→[スポット測光位置]を選ぶ。

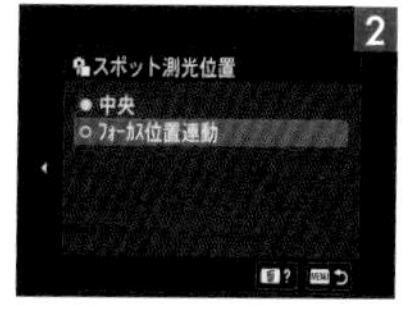

[フォーカス位置連動]を選択する。

測光モードから[スポット]を選ぶ。

スポット測光位置がフォーカスエリアに連動する。

[連動なし]

スポット測光位置とフォーカス位置を連動させていないので、ピントを合わせた明かりのところは完全に白とびしている。

[連動あり]

フォーカス位置を連動して撮影したので、画面全体ではアンダーだが、フォーカスポイントの明かりのところは白とびしていない。

第3章 露出機能

SECTION 08 マニュアル露出／バルブ撮影

KEYWORD ▶ マニュアル露出 ▶ ゼブラ表示

1 マニュアル露出とISO設定

絞り値、シャッタースピード、ISO感度、の3つを撮影者が決定して撮るのがマニュアル露出だ。マニュアル露出と聞くと、はじめは難しく感じるかもしれないが、慣れるとそれほど難しくはないので、積極的に使ってほしい。撮影後に背面モニターでヒストグラムなどの結果を見ながら、トライ&エラーを繰り返していけば、慣れるまでそれほど時間はかからない。

［ 設定方法 ］

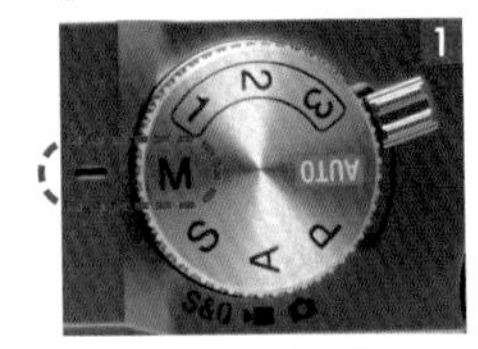

モードダイヤルをM（マニュアル露出）に合わせる。

マニュアル露出の設定が画面に表示される。前ダイヤルを回すと絞り値を変更できる。

後ダイヤルLを回すと、シャッタースピードを変更できる。

DATA

モード	M
絞り	F5.6
シャッター	1/250秒
ISO	500
WB	オート
露出補正	±0
焦点距離	200mm
レンズ	FE 70-200mm F2.8 GM OSS II

日が沈んだ直後の海。ほのかに赤く染まった水面がゆらゆらとしているところを撮影。このようなシーンにおいて、筆者の経験則では、F5.6で1/250秒にすると、ISOは400前後が適正露出なのだが、ISO感度を200から800まで変えながら撮影し、ISO500のこのカットを選んだ。

2 ゼブラ表示で白とびを確認

撮影した写真の白とび警告は、静止画の再生時（ヒストグラム表示）にも表示されるが、ゼブラ表示機能を使うと、撮影中に画面上で白とびする箇所が縞模様（ゼブラ）で表示される。白とびを防ぎたいシチュエーションで役に立つ機能だ。

［ 設定方法 ］

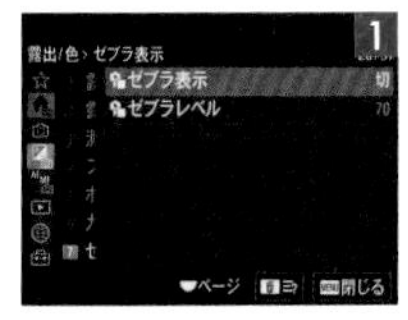

1 （露出/色）から［ゼブラ表示］を選ぶ。

2 ［入］に設定する。

3 希望のゼブラレベルを選ぶ。

4 白とびしている部分にゼブラが表示される。

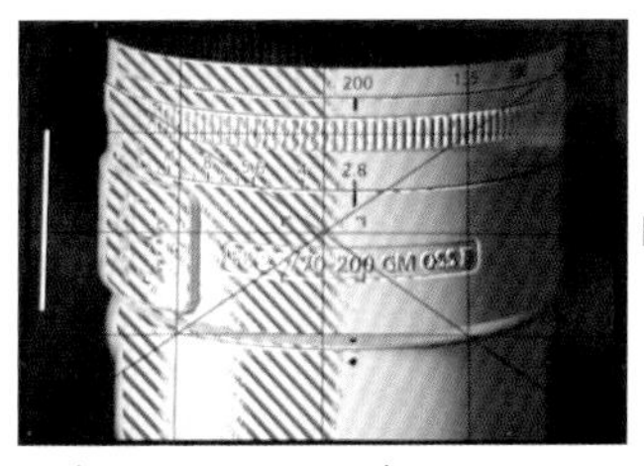

ゼブラ表示をONに、ゼブラレベルを80にして、撮影前に白とびを確認すると、レンズの左側に白とびの警告が出ていた。

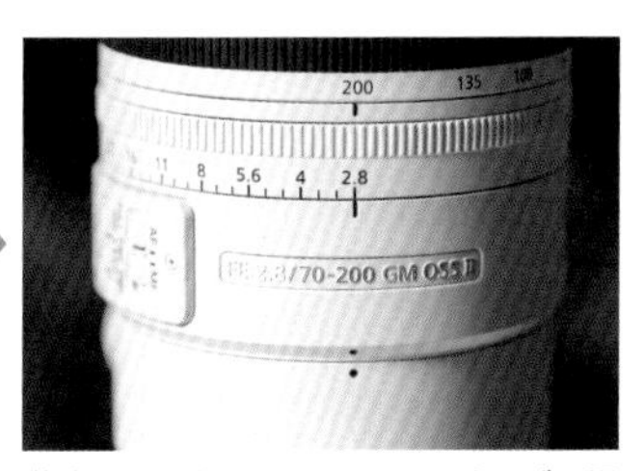

警告が出た状態のまま、露出を変えずに撮影したので、たしかにレンズの左側は白がとび気味になっている。

露出確認用と白とび確認用の設定

ゼブラレベルの設定値には、輝度レベルを表す数値以外に、露出確認用と白とび確認用の設定を登録することができる。露出確認用として使用する場合は、ゼブラ表示する輝度レベルの基準値と、その範囲の数値を指定しておくと、指定された範囲の輝度部分がゼブラ表示される。初期設定では［カスタム1］に露出確認用、［カスタム2］に白とび確認用の設定が登録されている。

3 バルブ撮影

α7C IIで、いちばん遅いシャッタースピードは30秒である。それよりも遅いシャッタースピードで撮りたいときは、バルブ撮影となる。ドライブモードを1枚撮影に、シャッター方式をメカシャッター（電子シャッターはバルブ撮影できない）にして、後ダイヤルLを低速に回していくと、30"の次がBULBになる。カメラの外からの振動を0に近づけて撮影するために、セルフタイマーと組み合わせて撮影するとよい。

［ 設定方法 ］

モードダイヤルをM（マニュアル露出）に合わせ、［BULB］が出るまで後ダイヤルLを左に回す。絞り数値を選び、ピントを合わせたら、シャッターボタンを押し続けて撮影する。

DATA

モード	M
絞り	F11
シャッター	32秒
ISO	50
WB	オート
露出補正	±0
焦点距離	86mm
レンズ	FE 24-105mm F4 G OSS

ライトアップされ、ゆっくりと回っている観覧車を32秒間シャッターを開けっぱなしにして撮影。バルブ撮影は三脚とセルフタイマーはマスト。

DATA

モード	M
絞り	F11
シャッター	35秒
ISO	50
WB	オート
露出補正	±0
焦点距離	93mm
レンズ	FE 70-200mm F4 Macro G OSS II

夜間、車が走っているところを35秒間シャッターを開けっぱなしにして、光跡として写し、時間の経過を表現した。

第4章

交換レンズ

SECTION 01 標準ズームレンズ
SECTION 02 広角ズームレンズ
SECTION 03 望遠ズームレンズ
SECTION 04 単焦点レンズ

SECTION 01 標準ズームレンズ

KEYWORD ▶ 動画 ▶ 露光間ズーム

1 標準ズームレンズの効果

近年の標準ズームの定番域は2つある。1つめは、24-70mmのF2.8で、もう1つは、ここで紹介する24-105mmのF4だ。FE 24-105mm F4 G OSSは、24-70mmのF2.8と比べると、開放が1段暗いF4ではあるものの、ズームレンジは広く、望遠側は105mmまであり、利便性に長ける。重さも663gと軽く、コンパクトで持ち運びやすく、解像力も確かなので、手元に1本持っておきたいレンズだ。

FE 24-105mm F4 G OSS

焦点距離：24-105mm
開放絞り値：F4
レンズ構成枚数：14群17枚
フィルター径：φ77mm
最短撮影距離：0.38m
オープン価格

DATA

モード	M
絞り	F16
シャッター	1秒
ISO	125
WB	オート
露出補正	+0.7
焦点距離	61mm

噴水を近くからスローシャッターで撮影。収まりよく画面をまとめるために、ズーム域を61mmにして撮影した。

2 動画撮影

FE 24-105mm F4 G OSSは動画撮影にもおすすめのレンズだ。ズームレンジが広角24mmから中望遠105mmと広く、AF駆動が静音性に優れている。また、開放がズーム全域でF4固定されている。以上の3つの理由から、筆者にとって、動画を撮影するときのファーストチョイスのレンズとなっている。ズームリングも滑らかなので、ズーミングの操作も快適にできる。

解像力が確かなのは言うまでもなく、ボケもF11まで絞っているが、滑らかで、フォーカスポイントから離れていくにつれて溶けていくかのようなボケ味だ。マニュアルフォーカスにしてピントを合わせたが、フォーカスリングは滑らかで操作しやすい。

3 露光間ズーム

ズームリングが滑らかなので、露光間ズームも試してみよう。三脚を使ってカメラを固定し、イルミネーションなどを被写体に、1/2秒から4秒ぐらいのシャッタースピードを目安に、シャッターを開けている間にズームリングを動かすことで、飛び出るような写真が撮れる。

左の撮影現場で、シャッタースピードを2秒にして、露光中に24mm側から中間域あたりまでズーミングした。

SECTION 02 広角ズームレンズ

KEYWORD ▶ 超広角

1 広角ズームレンズの効果

焦点距離が50mmよりも広い画角のレンズを広角レンズといい、近年の広角ズームの定番的なズーム域となっているのが、16-35mmだ。この焦点域は、画面の中がすべて遠景となるような広い風景や、カメラ位置から近いところをメイン被写体として寄りで強弱を付けた表現などに向いている。このレンズがあると、表現の幅が広がるので、1本持っておくことをおすすめする。

FE 16-35mm F2.8 GM II

焦点距離：16-35mm
開放絞り値：F2.8
レンズ構成枚数：12群15枚
フィルター径：φ82mm
最短撮影距離：0.22m（W,T）
オープン価格

DATA

モード	M
絞り	F5.6
シャッター	1/60秒
ISO	200
WB	オート
露出補正	-0.3
焦点距離	26mm

筆者の写真展の会場を、パースがつきすぎないないように、26mm域にして、自然な遠近感を出して撮影した。

2 超広角レンズの効果

人間の視覚よりもはるかに広い画角となる12-24mmの超広角域。ポジショニングに制限がある室内で、広めに写したいときなどには極めて便利なレンズとなる。また、16-35mmを使いこなせるようになった人は、次にこのズーム域を使ってみてほしい。慣れるまでは扱いは容易ではないが、このレンジでしかできない表現があるので、チャレンジしてみてほしい。

FE 12-24mm F4 G

焦点距離：12-24mm
開放絞り値：F4
レンズ構成枚数：14群17枚
フィルター径：ー
最短撮影距離：0.28m
希望小売価格：
438,900円（税込）

左の写真とほぼ同じカメラ位置から14mmにして撮影。見た瞬間にわかるほどに画角が広くなっている。

DATA

モード M　絞り F5.6　シャッター 1/60秒　ISO 250　WB オート
露出補正 -0.3　焦点距離 14mm

SECTION 03 望遠ズームレンズ

KEYWORD ▶ 超望遠

1 望遠ズームレンズの効果

70-200mmは広い風景の部分切り取りや、望遠レンズならではのボケを楽しむのに最適なレンズだ。このレンズは、II型になったことで最短撮影距離が短くなり、ズーム全域で最大撮影倍率0.5倍のマクロ撮影が可能となった。Gレンズの位置づけではあるが、G Masterではないかと思うほどの解像性能とボケ味で、ピントを合わせたところはキリリとシャープに、フォーカスポイントから離れていくにつれて滑らかにぼけていくのが特徴だ。

FE 70-200mm F4 Macro G OSS II
焦点距離：70-200mm
開放絞り値：F4
レンズ構成枚数：13群19枚
フィルター径：φ72mm
最短撮影距離：
0.26m(W)-0.42m(T)
オープン価格

DATA

モード	M
絞り	F8
シャッター	1/60秒
ISO	640
WB	オート
露出補正	+0.3
焦点距離	100mm

ズームレンジを100mmにして、モズを撮影。開放から2段絞ってF8にしているが、ボケは美しく滑らかだ。

2 超望遠ズームレンズの効果

スタジアムや空港などのように、撮影ポジションに制限がある場所で、遠くの被写体を撮影する時に便利なのが、超望遠ズームレンズ。こちらのFE 200-600mm F5.6-6.3 G OSSは、個人的に最もコスパに優れたレンズではないかと思っているので、野鳥や飛行機、鉄道を撮る人にはぜひとも使っていただきたいレンズだ。

FE 200-600mm F5.6-6.3 G OSS
焦点距離：200-600mm
開放絞り値：F5.6-6.3
レンズ構成枚数：17群24枚
フィルター径：φ95mm
最短撮影距離：2.4m
希望小売価格：321,200円（税込）

前ページのモズが同じところに止まったときに500mm域で撮影したカット。100mmで撮影した前ページのカットと比べると、画角が狭く、距離感がもっと圧縮されていることが一目瞭然だ。

DATA
モード M　絞り F6　シャッター 1/250秒　ISO 640　WB オート
露出補正 +0.3　焦点距離 500mm

ONE POINT

望遠ズームレンズのスイッチについて

ソニー製望遠ズームレンズの中には、特徴的なスイッチが搭載されているものがある。例えば、右のFE 200-600mm F5.6-6.3 G OSSには、上から順に❶AF/MF切り換え、❷フォーカスレンジ切り換え、❸手ブレ補正ON/OFF、❹手ブレ補正モード切り換え、といった機能のスイッチが搭載されている。

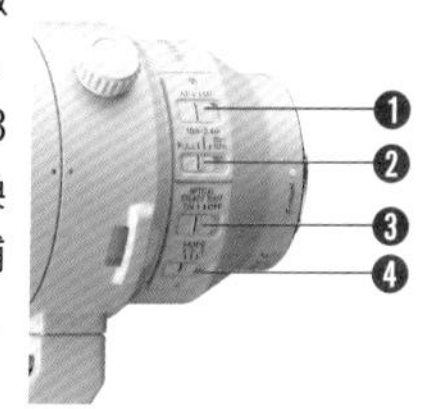

SECTION 04 単焦点レンズ

KEYWORD ▶ マクロ

1 単焦点レンズの効果

標準の50mmよりも広い画角のレンズを広角レンズというが、中でも35mmという画角はパースがつきすぎず、自然な遠近感を出せるレンズなので使いやすい。このレンズは、開放がF1.4と明るいにもかかわらず、約524gと非常に軽く、持ち出しやすい。高い解像力と柔らかなボケを両立しているので、ボケを生かした表現にも向いている。

FE 35mm F1.4 GM

焦点距離：35mm
開放絞り値：F1.4
レンズ構成枚数：10群14枚
フィルター径：φ67mm
最短撮影距離：
0.27m(AF時)、0.25m(MF時)
希望小売価格：228,800円(税込)

レンズの明るさを活用して、主役のカモ以外はぼかして撮影。35mmの画角なので、画面上に対岸の木々を取り入れることができ、遠近感を出すことができる。

DATA

モード M　絞り F2　シャッター 1/2000秒　ISO 320　WB オート
露出補正 +1　焦点距離 35mm

2 マクロレンズの効果

マクロレンズは最短撮影距離が短いので、被写体を大きく写すことができる。FE 90mm F2.8 Macro G OSSは最短撮影距離が0.28mで、被写体を等倍の大きさで写すことができるので、花や小物を近くから撮影するときに重宝する。少し離れたところから撮影してもシャープに像を結ぶので、中望遠レンズ的な使い方もおすすめだ。

FE 90mm F2.8 Macro G OSS

焦点距離：90mm
開放絞り値：F2.8
レンズ構成枚数：11群15枚
フィルター径：φ62mm
最短撮影距離：0.28m
希望小売価格：183,700円（税込）

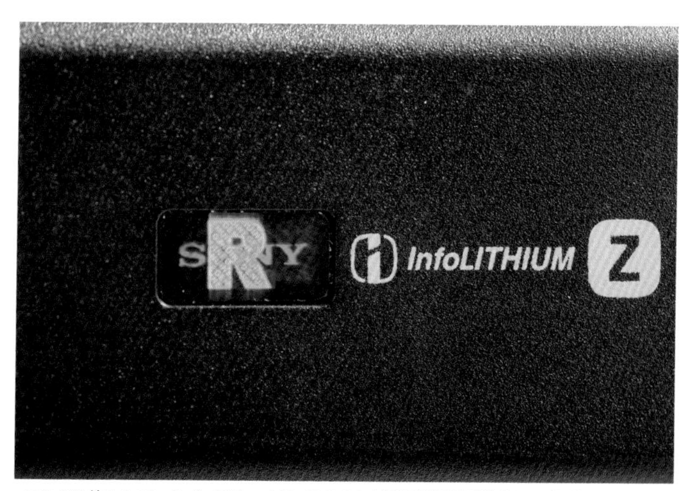

α7C IIに使われているバッテリー、NP-FZ100を最短撮影距離近くから撮影。バッテリーをはみ出し構図でとらえることができるほど寄れるのがありがたい。

DATA
モード M　絞り F5.6　シャッター 4秒　ISO 500　WB オート
露出補正 ±0　焦点距離 90mm

Column

Eマウントレンズの読み方

レンズ名には意味があり、名称からレンズの特徴やスペックを読み取ることができるようになっている。ここでは、FE 24-105mm F4 G OSSを例に解説するので、参考にしていただきたい。撮影時に覚えておくと便利なレンズの各部名称も、ここでしっかり確認をしておこう。

FE 24-105mm F4 G OSS

❶FE ❷24-105mm ❸F4 ❹G ❺OSS

❶	イメージセンサー35mmフルサイズ対応のレンズであることを表す。「E」の場合はAPS-C用レンズで、α7C IIに装着するとAPS-Cの画角（1.5倍）に自動設定される（→P.30）。
❷	焦点距離を表す。数値が「●-●mm」と2つ表記されていればズームレンズ、「●mm」と1つであれば単焦点レンズである。このレンズでは広角側は24mm、望遠側は105mmまで撮影できる。
❸	絞りを最も開いたときの開放絞り値を表す。このレンズではF4となる。「F●-●」と表記されている場合は焦点距離によって開放絞り値が変わる。
❹	ソニーの光学テクノロジーを集約し、優れた描写力を実現させた「Gレンズ」を表す。「GM」の場合は、Gよりも上位モデルのG Masterレンズを指す。
❺	レンズ内光学式手ブレ補正機能を搭載していることを表す。

［ レンズの各部名称 ］

❶ フォーカスリング
❷ ズームリング
❸ 焦点距離目盛
❹ フォーカスホールドボタン
❺ 手ブレ補正スイッチ
❻ フォーカスモードスイッチ
❼ マウント標点

第5章

カスタマイズ

SECTION 01　ボタンへの機能割り当て
SECTION 02　おすすめのボタン割り当て
SECTION 03　カスタム撮影設定
SECTION 04　被写体別おすすめカスタム撮影設定
SECTION 05　Fnボタンの機能設定

SECTION 01 ボタンへの機能割り当て

KEYWORD ▶ カスタムキー ▶ マイダイヤル

1 カスタムキーの設定方法

カスタムキー機能とは、よく使う機能を自分が操作しやすいボタンやダイヤルに割り当てられる機能である。割り当てられるボタン・ダイヤルは9個あり、37項目の機能から選択できる。しかも静止画撮影時用、動画撮影時用、再生時用と分けて機能を割り当てられるので、さらに自由度が増す。

❶ C1ボタン（カスタムボタン1）
❷ 後ダイヤルL
❸ AF-ONボタン
❹ Fnボタン
❺ コントロールホイール／中央ボタン／左ボタン／右ボタン／下ボタン
❻ C2ボタン（カスタムボタン2）
❼ MOVIEボタン
❽ 後ダイヤルR
❾ 前ダイヤル

［ 設定方法 ］

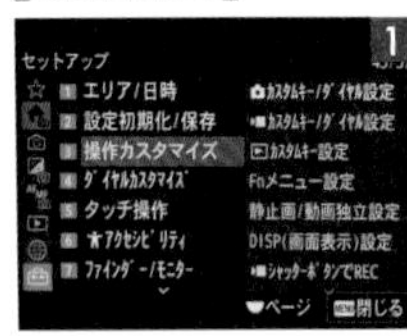

（セットアップ）から［操作カスタマイズ］を選ぶ。

静止画、動画、再生の［カスタムキー/ダイヤル設定］を選ぶ。

機能を割り当てるボタン・ダイヤルを選択する。

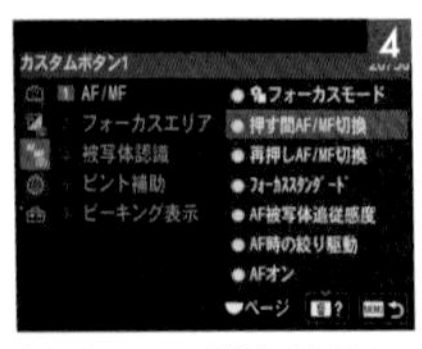

割り当てられる機能が表示されるので、希望の機能を選ぶ。

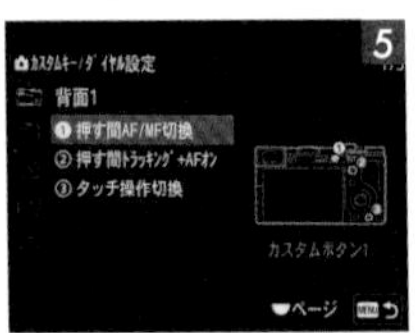

割り当てたボタン・ダイヤルに機能が反映される。

2 マイダイヤルの設定

前ダイヤル/後ダイヤルL/後ダイヤルR/コントロールホイールにそれぞれ好みの機能を割り当て、その組み合わせを「マイダイヤル」として3つまで登録できる。登録したマイダイヤルは、あらかじめ設定したカスタムキーを押すことで、すばやく呼び出したり切り換えたりすることが可能だ。

カスタムキーでマイダイヤルを呼び出すとき、マイダイヤルの番号やマイダイヤルの切り換え方式（押す間マイダイヤル1～3、マイダイヤル1→2→3、再押しマイダイヤル1～3）を選ぶことができる。

［ 設定方法 ］

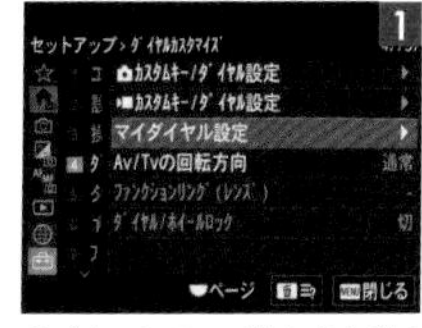

（セットアップ）から［ダイヤルカスタマイズ］→［マイダイヤル設定］を選ぶ。

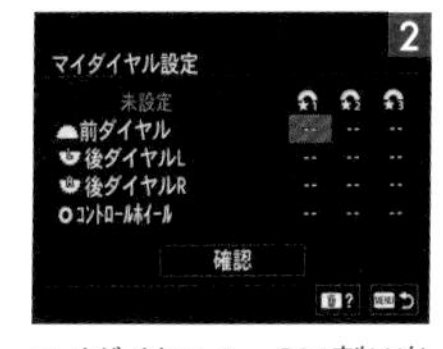

マイダイヤル1～3に割り当てるダイヤルまたはホイールを選び、コントロールホイールの中央を押す。

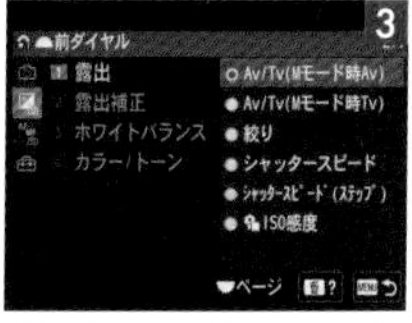

割り当てたい機能を選び、コントロールホイールの中央を押す。

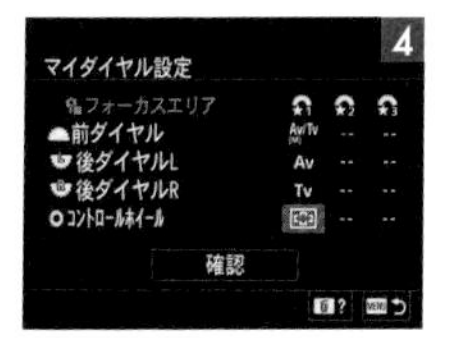

マイダイヤルの設定が登録され、表に表示される。

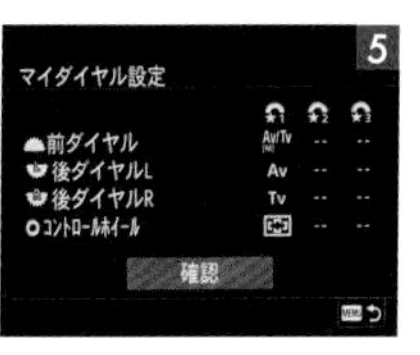

ほかのダイヤルまたはホイールの機能をすべて選択したら、［確認］を選ぶ。

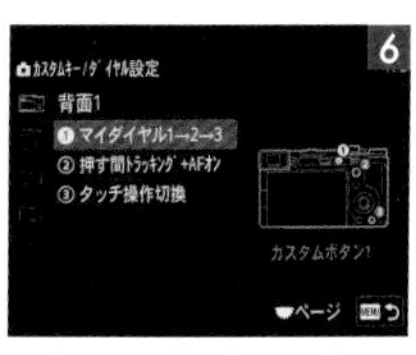

（セットアップ）から［操作カスタマイズ］→［カスタムキー/ダイヤル設定］を選び、マイダイヤルを呼び出すキーとして使用したいキーを選ぶ。

撮影時にマイダイヤルを呼び出すカスタムキーを押すと、画面下に登録した機能のアイコンが表示される。

SECTION 02

おすすめのボタン割り当て

KEYWORD ▶ MOVIEボタン ▶ C1ボタン ▶ C2ボタン ▶ AF-ONボタン ▶ コントロールホイール

1 上面のボタンの割り当て

α7C IIはコンパクトなボディながら、上面にカスタマイズできるボタンがある。それがMOVIEボタンである。メニュー画面からよく使うものや設定の変更を頻繁に行う項目をここに割り当てることで、撮影前の設定を効率よく行うことができる。ちなみに、筆者の場合、MOVIEボタンにはデフォルトのままの動画撮影を割り当てている。

MOVIEボタン

[おすすめのボタン割り当て]

MOVIEボタン	動画撮影

デフォルトのままにしてあるMOVIEボタンを押して、キンクロハジロを動画で撮影した。

2 背面のボタンの割り当て

背面に割り当てられるボタンは、「C1」「AF-ON」「C2」の3つと、コントロールホイールの「中央」「左」「右」「下」の4つの合計7箇所ある。背面のボタン割り当ては、使いやすく、とても便利な機能なので、よく使う機能を自分が使いやすいところに割り当てて試していただきたい。

[おすすめのボタン割り当て]

C1ボタン	フォーカスエリア
C2ボタン	サイレントモード切換
コントロールホイール	顔/瞳検出対象切換

C1ボタンに割り当ててあるフォーカスエリアを呼び出して、「トラッキング:ゾーン」を選択し、ハクセキレイを撮影した。

SECTION 03 カスタム撮影設定

KEYWORD ▶ カスタム撮影設定

1 カスタム撮影設定の登録

スポーツや野生動物など、状況が変化しやすく、被写体に合わせて瞬時にフォーカスエリア設定を切り換えたい撮影では、カスタム撮影設定登録がおすすめだ。各ボタンと機能の割り当てを上手に組み合わせれば、撮影効率も向上する。ここでは撮影モードをAF-ONボタンにカスタムキーとして割り当てて、瞬時に切り換える設定方法を紹介する。

[設定方法]

(撮影)から[撮影モード]→[カスタム撮影設定登録]を選ぶ。

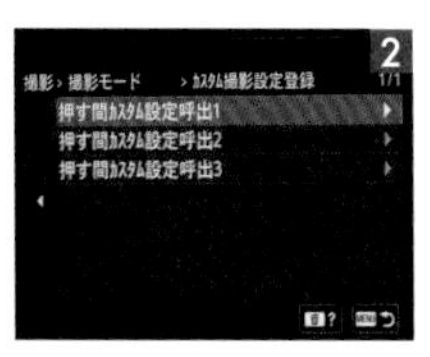

[押す間カスタム設定呼出]を選ぶ。3つまで登録することができる。

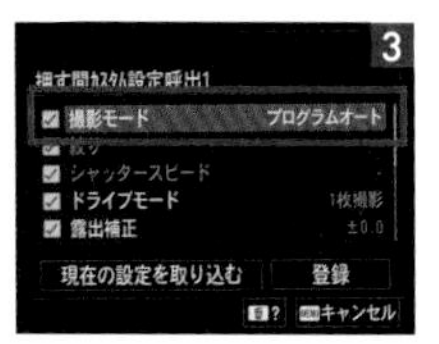

撮影設定を選ぶ画面から、[撮影モード]を選択する。

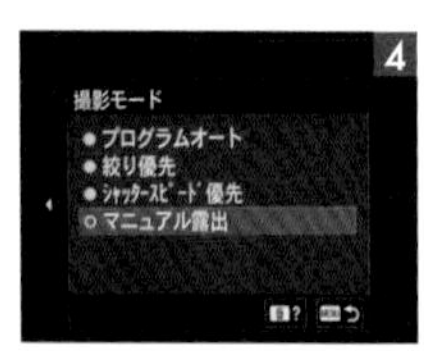

希望の撮影モード(露出モード)を選んで登録する。

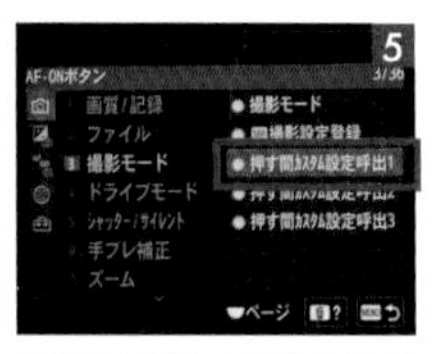

[操作カスタマイズ]の[カスタムキー/ダイヤル設定]から、AF-ONボタンを選択し、[押す間カスタム設定呼出1]を選ぶ。

撮影時にAF-ONボタンを押すと、瞬時に撮影モード(露出モード)が設定したものに切り換わる。

2 カスタム撮影設定の呼び出し

登録したカスタム撮影設定は、カスタムキーとして割り当てたボタンを押している間だけ、その設定を呼び出せる。設定をすばやく切り換えられるので、ワンシーンで1つの被写体を何通りかに撮り分けたいときなどは非常に便利だ。いろいろと試して、自分なりに使いやすいように割り当ててみてほしい。下の写真は「押す間トラッキング 認識切」をAF-ONボタンに割り当て、3カット撮影した。

AF時の被写体認識をONに、認識対象を[鳥]に、認識部位を[瞳]に設定して、アオサギの全身を撮影。

その後、AF-ONボタンを押して、登録している「押す間トラッキング 認識切」を呼び出して、アオサギの背中をクローズアップ。

さらに、AF-ONボタンを離すことで、AF時の被写体認識が[入]になり、アオサギの顔を寄りで撮影した。

よく使う設定をメモリーカードに保存する

カスタムキーに登録した設定は、メモリーカードに保存することができる。バックアップをするときや、同じカメラの別個体に設定をコピーしたいときにもおすすめだ。設定の保存・読込は、（セットアップ）の[設定初期化/保存]→[設定の保存/読込]から行える。

SECTION 04 被写体別おすすめカスタム撮影設定

KEYWORD ▶ 野鳥 ▶ スポーツ ▶ 風景 ▶ ポートレート ▶ 夜景 ▶ 静物

1 モードダイヤルへの登録

α7C IIの上面にあるモードダイヤルの1〜3には、よく使うモードやカメラの設定を3つまで、メモリーカードには4つ（M1〜M4）まで登録することができる。右の方法で登録しておけば、モードダイヤルを合わせるだけでその設定を呼び出せるので、被写体が切り換わるときなどには便利だ。

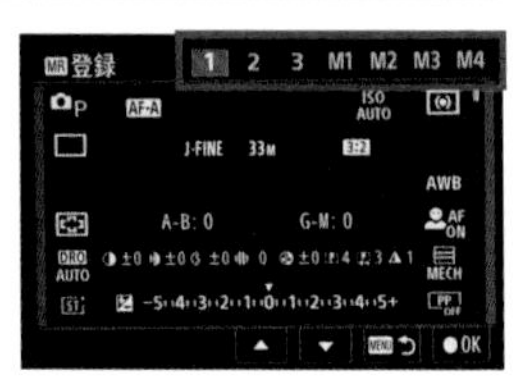

登録したい設定にし、📷（撮影）→［撮影モード］→［撮影設定登録］から番号を選択。

2 野鳥撮影のカスタム撮影設定

野鳥を撮る場合は絞り値とシャッタースピードを自分で決めるマニュアル露出にして、ISO感度はオートにしている。α7C IIは高感度に設定したときもあまりノイジーにならないので、この設定をおすすめする。高感度時のざらつきをどこまで許容できるかは個人差があるので、ISO感度の上限は自分が許せるいちばん高い感度を設定しておくとよい。

カスタム設定

［露出モード］マニュアル露出
［フォーカスモード］AF-C
［フォーカスエリア］トラッキング:ゾーン
［ドライブモード］Hi+
［ISO感度］ISO AUTO

DATA

モード M　絞り F8　シャッター 1/500秒　ISO 250　WB オート
露出補正 ±0　焦点距離 600mm　レンズ FE 200-600mm F5.6-6.3 G OSS

絞り値は開放から2/3段絞って、F8に、シャッタースピードは1/500秒に、ドライブは「Hi+」で、モズを連写した。野鳥を撮影するときは飛翔時以外でも基本的には連写することが多い。

3 スポーツ撮影のカスタム撮影設定

スポーツの撮影は、めまぐるしい動きがほとんどないゴルフなどの例外を除くと、筆者の場合、基本的には野鳥の撮影とほとんど同じ設定で撮影している。露出はマニュアルにして、絞り値とシャッタースピードを自分で決め、ISO感度だけをオートにして撮影している。ドライブモードは「Hi+」を基本に時々は「Hi」に変えて連写をすることが多い。

カスタム設定

[露出モード]マニュアル露出　[フォーカスモード]AF-C
[フォーカスエリア]トラッキング:ゾーン　[ドライブモード]Hi+
[ISO感度]ISO AUTO

DATA

モード M　絞り F4　シャッター 1/1000秒
ISO 250　WB オート　露出補正 ±0
焦点距離 86mm　レンズ FE 70-200mm F4 Macro G OSS II

手からボールが離れる直前のシーン。これくらいのシーンから「Hi+」で連写することで、手からボールが離れる瞬間を狙う。被写体までの距離、被写体が動くスピード、レンズの焦点距離などを総合的に判断して、シャッタースピードは1/1000秒とした。

4 風景撮影のカスタム撮影設定

野鳥やスポーツと比べると、風景は動きがゆっくりなので、ドライブモードは基本的に1枚撮影にして、連写はしない。露出は滝など動きがあるものを画面に入れることもあるので、原則マニュアルにして、絞り値とシャッタースピードは自分で決めている。撮影時に絞り値だけでなく、シャッタースピードをいくつで撮影したかわかるのであれば、露出モードを絞り優先にしても問題はない。

カスタム設定

[露出モード]マニュアル露出　[フォーカスモード]AF-S
[フォーカスエリア]スポット:S　[ドライブモード]1枚撮影
[ISO感度]ISO AUTO

DATA

モード M　絞り F11　シャッター 4秒
ISO 200　WB オート　露出補正 ±0
焦点距離 44mm　レンズ FE 24-105mm F4 G OSS

見る人に時間の経過を伝えたかったので、NDフィルターを付けて、4秒のシャッタースピードで撮影した。パンフォーカス気味にするために、絞り値はF11とした。連写はせずに、1枚撮影を何回もして、このカットを選んだ。

5 ポートレート撮影のカスタム撮影設定

α7C IIの被写体認識AFは確かなので、認識対象を「人物」にして、フォーカスエリアは広めの「トラッキング：ゾーン」に、AF-Cで撮影することで、少々距離が遠くても、間違いなく目にピントがくる。ポートレートは通常、手持ちで撮影することが多いので、シャッタースピードは基本的に手ブレと被写体ブレがしないスピードで撮影するようにしている。絞り値は基本的に開放近くで撮影することが多い。

カスタム設定

[露出モード]
マニュアル露出

[フォーカスモード]
AF-C

[フォーカスエリア]
トラッキング:ゾーン

[ドライブモード]
1枚撮影

[ISO感度]
ISO AUTO

DATA

モード M　絞り F4　シャッター 1/250秒　ISO 400　WB オート
露出補正 ±0　焦点距離 85mm　レンズ FE 70-200mm F4 Macro G OSS II

ポートレートでは、動きがそれほど早くないこともあって、被写体ブレと手ブレがないギリギリのところまでシャッタースピードを遅くする。また、できるだけISO感度を低くして、1枚撮影を何回か繰り返す。このときは1/250秒で撮影することで、ISO感度を400に抑えることができた。

6 夜景撮影のカスタム撮影設定

まずは大前提として、夜景の撮影には三脚とワイヤレスリモートコマンダー「RMT-P1BT」が必要である。地面が振動していなければ、カメラを三脚に設置して、シャッターを手押ししないことで、シャッタースピードが遅くてもブレにくく、ISO感度をあまり上げなくてもよいという利点がある。また、電子シャッターで撮ることで、カメラ内の振動もゼロにして撮影することができるので、電子シャッターもおすすめだ。フォーカスはマニュアルで、ピント位置を拡大して厳密に合わせるようにしたい。

カスタム設定

[露出モード]マニュアル露出　[フォーカスモード]MF
[ドライブモード]1枚撮影　[ISO感度]ISO AUTO

DATA

モード M　絞り F11　シャッター 6秒
ISO 200　WB オート　露出補正 ±0
焦点距離 79mm　レンズ FE 70-200mm F4 Macro G OSS II

カメラを三脚に設置して、地面が振動していないのを確認して、RMT-P1BTでシャッターを切った。シャッタースピードを6秒にしたことで、ISO感度を200で撮影することができ、ノイズレスでクリアな夜景写真になった。

7 静物撮影のカスタム撮影設定

ストロボを使って撮影する場合はマニュアル露出を、室内の明かりなどの定常光で撮影するときもマニュアル露出、もしくは絞り優先をおすすめする。静物は動くことはないので、フォーカスはマニュアルでピント位置を拡大して、厳密に合わせている。こちらも、カメラ側のブレは三脚とRMT-P1BT、セルフタイマーを活用して、防ぐようにしたい。

カスタム設定

[露出モード]絞り優先　[フォーカスモード]AF-S
[ドライブモード]1枚撮影　[ISO感度]ISO AUTO

DATA

モード M　絞り F11　シャッター 2秒
ISO 400　WB オート　露出補正 ±0
焦点距離 73mm　レンズ FE 70-200mm F4 Macro G OSS II

決して明るくはない室内の定常光で撮影した。静物撮影の場合、被写体が動くことはないので、シャッタースピードが遅くなっても、被写体ブレの心配はない。ただし、カメラ側のブレはあるので、三脚を使ってセルフタイマーで撮影している。

SECTION

05 Fnボタンの機能設定

KEYWORD ▶ Fnボタン

1 Fnボタンの設定方法

撮影時にFnボタンを押すと、12種類の機能が一覧で表示され、ダイレクトに機能の設定変更をすることができる。そして、表示されるFnメニューは撮影者が自分好みに入れ換えられる。上段1～6、下段1～6と配置まで細かく設定できるため、自身の使用頻度の高い機能を割り当てておけば操作性がより高まる。

[設定方法]

🧰(セットアップ)から[操作カスタマイズ]→[Fnメニュー設定]を選ぶ。

変更したいFnメニューの項目を選び、コントロールホイールの中央を押す。

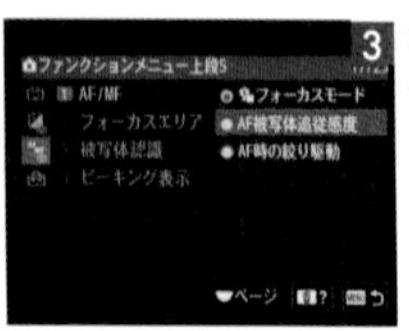

コントロールホイールの◀/▶で、希望の項目を選び、中央を押す。

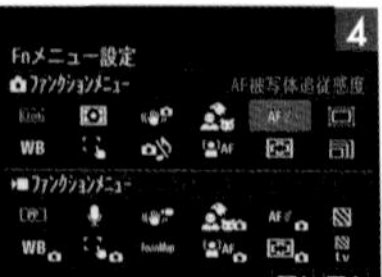

Fnメニューの項目が変更される。

2 おすすめのカスタマイズ（静止画）

Fnボタンには12個の機能を割り当てることができるので、上面や背面に割り当てている機能を中心に、よく変える設定をここにまとめて入れている。筆者の場合、上段は左から順に、「APS-C S35撮影」「測光モード」「クリエイティブルック」「フォーカスモード」「フォーカスエリア」「手ブレ補正」を割り当てている。下段は左から順に、「AF時の被写体認識」「認識対象」「認識部位」「被写体認識枠表示」「シャッター方式」「サイレントモード」を割り当てている。

撮影前にFnボタンを押して、下段左から2番目に割り当てている認識対象を呼び出し、「鳥」を選択して、3番目の認識部位から「瞳」を選んで設定のセッティングが完了、ホシハジロを撮影した。

カスタム設定

［露出モード］
マニュアル露出

［フォーカスモード］
AF-C

［フォーカスエリア］
トラッキング:ゾーン

［ドライブモード］Hi+

DATA

モード	M
絞り	F8
シャッター	1/250秒
ISO	640
WB	オート
露出補正	±0
焦点距離	600mm
レンズ	FE 200-600mm F5.6-6.3 G OSS

撮影前にFnボタンを押して、上段左から4番目に割り当てているフォーカスモードを呼び出し「AF-S」に、NDフィルターを付けて噴水を0.5秒で撮影した。

カスタム設定

［露出モード］
マニュアル露出

［フォーカスモード］
AF-S

［フォーカスエリア］
スポット:L

［ドライブモード］1枚撮影

DATA

モード	M
絞り	F11
シャッター	0.5秒
ISO	125
WB	オート
露出補正	±0
焦点距離	200mm
レンズ	FE 70-200mm F4 Macro G OSS II

3 おすすめのカスタマイズ(動画)

静止画/動画/S&Q切換ダイヤルを動画もしくはS&Qにすることで、静止画とは別にFnボタンに12種類の機能を割り当てることができる。動画で筆者が割り当てている機能をご紹介する。上段は左から順に、「記録方式」「記録フレームレート」「フレームレート設定」「クリエイティブルック」「ピクチャープロファイル」「手ブレ補正」を割り当てている。下段は左から順に、「フォーカスエリア」「AF時の被写体認識」「認識対象」「被写体認識枠表示」「ブリージング補正」「AF乗り移り感度」を割り当てている。

カスタム設定
[記録方式]
XAVC HS 4K
[記録フレームレート]
24p
[フォーカスモード]
AF-C
[フォーカスエリア]
トラッキング:ゾーン

Fnボタンを押して、上段の左から2番目に登録している「記録フレームレート」を呼び出し、24pに設定して、噴水を動画で撮影した。メニュー画面から入らなくても、迅速に24pに設定することができた。

DATA
モード M 絞り F5.6 シャッター 1/50秒 ISO 500 WB オート
露出補正 ±0 焦点距離 200mm レンズ FE 70-200mm F4 Macro G OSS II

カスタム設定
[記録方式]
XAVC HS 4K
[記録フレームレート]
60p
[フォーカスモード]
AF-C
[フォーカスエリア]
トラッキング:ゾーン

Fnボタンを押して、下段左から4番目に割り当てている「被写体認識枠表示」から「入」を選んで、スズメを動画で撮影した。これにより、スズメの目にフォーカスがきていることをファインダーで確認できる。

DATA
モード M 絞り F13 シャッター 1/125秒 ISO 200 WB オート
露出補正 ±0 焦点距離 107mm レンズ FE 70-200mm F4 Macro G OSS II

第6章

ホワイトバランスと色設定

SECTION 01 ホワイトバランス
SECTION 02 ホワイトバランスの詳細設定
SECTION 03 クリエイティブルック
SECTION 04 美肌効果
SECTION 05 Dレンジオプティマイザー

SECTION 01

ホワイトバランス

KEYWORD ▶ WB ▶ カスタムセット

1 ホワイトバランスの設定

写真は被写体に当たる光の質によって色が変化する。これを調整して、白いものが白く写るようにするのがホワイトバランスである。電球の下で写真を撮ると、被写体の色はリアルカラーよりも赤くなるが、これに青味を加えることで、現実色に近づけようとする。α7C IIのホワイトバランスの種類は以下のとおりである。

[ホワイトバランスの種類]

AWB オート	光源に合わせて自動的に色が調整される。
太陽光	晴天の屋外に合わせて色が補正される。
日陰	晴天の屋外の日陰に合わせて色が補正される。
曇天	曇った屋外に合わせて色が補正される。
電球	電球の光に合わせて色が補正される。
蛍光灯	温白色、白色、昼白色、昼光色の種類があり、各蛍光灯の色に合わせて色が補正される。
フラッシュ	フラッシュ光に合わせて色が補正される。
水中オート	水中で自然な色合いになるように補正される。
色温度・カラーフィルター	赤味、青味を強調するなど、撮影者が色合いを設定できる(→P.118)。
カスタム	カスタムセットで基準になる白色を取得し、登録する。その取得した設定を使用できる(→P.117)。

[設定方法]

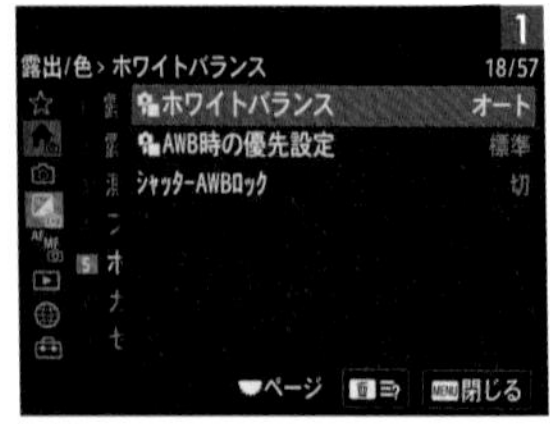

(露出/色)の[ホワイトバランス]→[ホワイトバランス]を選ぶ。

希望のホワイトバランスを選択し、コントロールホイールの中央を押す。

2 カスタムセット

複数の光源が入り混じったミックス光での撮影や、色味を正確に再現したい撮影などでは、カスタムセットが便利だ。白く写したいものを画面のサークルに入れると、基準の白色が取得され、その値をカスタムホワイトバランスとして3つまで登録できる。

［ 設定方法 ］

(露出/色)から[ホワイトバランス]→[ホワイトバランス]を選び、[カスタム1]～[カスタム3]を選ぶ。

コントロールホイールの▶を押して、[カスタムホワイトバランスセット]を選ぶ。

白く写したいものを画面中央のサークルに入れ、コントロールホイールの中央を押す。

取り込みが終わったらコントロールホイールの中央を押すとその値が登録される。

AWB時の優先設定

ホワイトバランスをオートに設定した際、優先する色味を「標準」、「雰囲気優先」、「ホワイト優先」の3種類から選ぶことができる。白色に見えるように補正しつつも、「雰囲気優先」は暖かみのある色味が優先され、「ホワイト優先」は白色の描写が優先される。

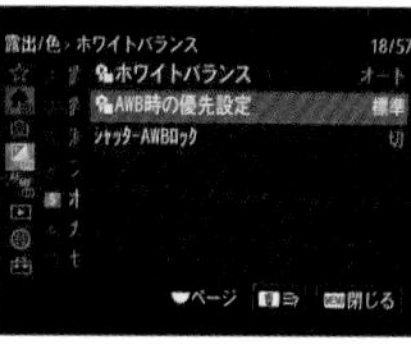

(露出/色)から[ホワイトバランス]→[AWB時の優先設定]を選ぶ。

希望の設定を選択し、コントロールホイールの中央を押す。

SECTION 02

ホワイトバランスの詳細設定

KEYWORD ▶ 色温度 ▶ カラーフィルター

1 色温度による設定

写真の色味は通常、ケルビンという温度の単位を使って表し、数字の後ろにKをつけて使う。例えば、5000ケルビンなら5000Kと書く。色温度（ケルビン）は低くなると赤くなり、高くなると、青くなる。2000Kぐらいといわれているろうそくの火を撮影する場合、赤く写りすぎるので、色温度を高くすることで、青味がプラスされてリアルカラーに近い自然な色になる。

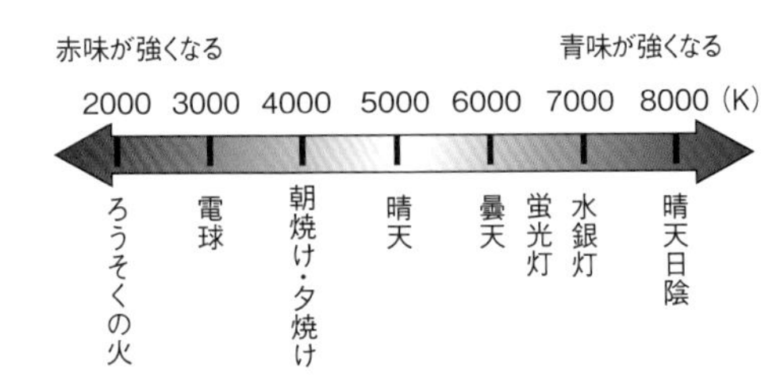

光の色を「K（ケルビン）」という単位で表したものを「色温度」という。色温度が低いと赤味が強く、色温度が高いと青味が強くなる。晴天下の太陽光の色温度は5200K程度。

［ 設定方法 ］

［ホワイトバランス］から［色温度/カラーフィルター］を選ぶ。

コントロールホイールの▼/▲で色温度の値を設定できる。

2 カラーフィルター

ホワイトバランスよりも細かく色味を調整したいときはカラーフィルターを活用する。B（ブルー）、A（アンバー）、G（グリーン）、M（マゼンタ）の種類があり、撮影画面上の座標軸を動かしながら、それぞれ0.5ずつ色味を調整することができる。

［ 設定方法 ］

［ホワイトバランス］から［色温度/カラーフィルター］を選び、コントロールホイールの▶でカラーフィルターを選択する。

カラーフィルターの座標軸が表示される。

コントロールホイールで希望の値に設定する。

ホワイトバランスを「オート」にして撮影したのが上の写真。空の青を強調したかったので、カラーフィルターを使い、B側を+7にして撮影したのが下の写真。

SECTION 03 クリエイティブルック

KEYWORD ▶ クリエイティブルック

1 クリエイティブルックの設定

クリエイティブルックとは、カメラにあらかじめセットされた画作りのプリセットである。搭載されたルックの中から画像の仕上がりを選ぶことができ、さらに、ルックごとに、コントラスト、ハイライト、シャドウ、フェード、彩度、シャープネス、シャープネスレンジ、明瞭度なども微調整できる。

[クリエイティブルックの種類]

ST	被写体・シーンに幅広く対応する標準の仕上がり。
PT	肌をより柔らかに再現する。人物の撮影に適している。
NT	彩度・シャープネスが低くなり、落ち着いた雰囲気に表現する。パソコンでの画像加工に適している。
VV	彩度とコントラストが高めになり、花、新緑、青空、海など色彩豊かなシーンをより印象的に表現する。
VV2	明るく色鮮やかな発色で、明瞭度の高い画像に仕上がる。
FL	落ち着いた発色と印象的な空や緑の色味に、メリハリのあるコントラストを加えることで雰囲気のある画像に仕上がる。
IN	コントラストと彩度を抑えたマットな質感に仕上がる。
SH	透明感・柔らかさ・鮮やかさを持つ明るい雰囲気に仕上がる。
BW	白黒のモノトーンで表現する。
SE	セピア色のモノトーンで表現する。

[設定方法]

（露出/色）から［カラー/トーン］→［クリエイティブルック］を選ぶ。

希望のルックを選択し、コントロールホイールの中央を押す。

2 10種類のプリセットの撮影

クリエイティブルックは写真のコントラストや彩度などをカメラが調整してくれる機能のことで、α7C IIでは「ST」「PT」「NT」「VV」「VV2」「FL」「IN」「SH」「BW」「SE」と10種類が用意されている。JPEG撮って出し派の人はクリエイティブルックをいろいろと変えながら、そのシーンに最適なイメージのものを見つけてほしい。なお、RAWには反映されないので注意しよう。

［ ST ］

標準的な仕上がりになる「ST」で見た目に近いイメージとした。

［ PT ］

肌の色が自然になる「PT」は、やはり人物の撮影に向いている。

［ NT ］

落ち着いた雰囲気で撮影したかったので、「NT」を選択した。

［ VV ］

色鮮やかなオカメザクラにメジロが止まっていたので、インパクトのある仕上がりが期待できる「VV」で撮影した。

［ VV2 ］

ピンク、緑、青と、それぞれの色をより鮮やかにしたかったので、「VV2」にセットして撮影した。

[FL]

この場所では、落ち着いた発色の「FL」が最適と判断した。

[IN]

晴天の硬い光だったので、コントラストを抑えるために「IN」に設定して撮影した。

[SH]

明るく華やかな雰囲気に仕上げたかったので「SH」を選択して撮影した。

[BW]

あえてモノクロの「BW」にすることで、見る人に色合いを想像してもらう写真にした。

[SE]

セピア調でクラシカルなイメージの「SE」が自分のイメージに近かった。

3 8種類の調整機能

α7C IIに搭載されているプリセットの各ルックをベースに、コントラストなどの8種類の調整項目を選んで、好みに合わせてさらに細かく調整することができる。

[調整項目]

コントラスト	彩度
ハイライト	シャープネス
シャドウ	シャープネスレンジ
フェード	明瞭度

各項目を初期値からプラスまたはマイナス側に調整することができる。フェードはフィルターの効果などを調整でき、シャープネスレンジは解像感を調整するシャープネスの領域を調整できる。

[設定方法]

1 ルックを選択後、コントロールホイールの▲/▼でプリセットを選ぶ。

2 コントロールホイールの◀/▶で希望の調整項目を選ぶ。

クリエイティブルックを「ST」にして撮影。予想よりも明暗の差がなかったので、コントラストを+8に、彩度を+3にして、コントラストと色彩を強調した。

カスタムルック

クリエイティブルックには、もともと搭載されている10種類のルックのほかに、撮影者の好みに合わせて設定したルックを撮影時に呼び出せる「カスタムルック」という機能がある。カスタムルックを使えば、同じルックでも微妙に設定を変えて呼び出せるのでおすすめしたい。

[クリエイティブルック]から左側に1〜6の数字が入っている[カスタムルック]を選ぶ。

コントロールホイールの▶を押して、希望のルックを選び、8種類の項目でさらに数値を調整する。

SECTION 04 美肌効果

KEYWORD ▶ 美肌効果

1 美肌効果の設定

α7C IIでは、人物を撮影するときに、瞳のシャープ感はそのままで、顔のしみやしわなどを目立たなくする美肌効果機能が搭載されている。メニュー画面から[露出/色アイコン](露出/色)→[カラー/トーン]に入るといちばん下に美肌効果があり、高、中、低の中から選ぶことができる。静止画と動画、どちらの場合でも使うことができる機能だ。

[設定方法]

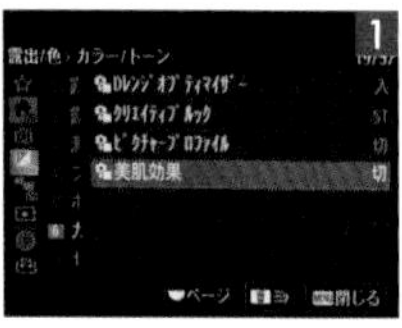

[露出/色アイコン](露出/色)から[カラー/トーン]→[美肌効果]を選ぶ。

[入]を選び、コントロールホイールの◀/▶で「高」「中」「低」を選ぶ。

[美肌効果：切]

[美肌効果：入：高]

美肌効果を「切」にして撮影したのが左のカットで、「入:高」に設定して撮影したのが右のカット。右のカットは肌がより滑らかに描写されている。

2 美肌効果による撮影

美肌効果は屋内だけでなく、屋外でも明るい時間帯であれば、効果は実感できるので、試してほしい。写真展などで展示するために、写真を大きく使う場合は、「入：低」でも十分に効果があることがわかる。また、筆者が気に入っているところは、目の描写はシャープなままで、肌だけに確実に効果が出るところだ。

［ 屋内 ］

写真を小さく使うので、「入:高」で撮影した。もっと大きなサイズで写真を使うなら、「入:中」や「入:低」でも十分に効果がわかる。

［ 屋外・晴天時 ］

晴天時の屋外だとあまり効果がないのではと予想していたが、結果はご覧のとおりである。必要にして十分な効果がある。

［ 屋外・夜 ］

屋内や屋外の明るい時間帯と比べると、正直効果はわかりにくいとはいえ、効果は確かにあるので、外の暗い時間帯でも試してほしい。

SECTION 05 Dレンジオプティマイザー

KEYWORD ▶ Dレンジオプティマイザー ▶ シャドウ

1 暗所でのDレンジオプティマイザーの活用

Dレンジオプティマイザーはハイライトを抑え気味にして、シャドウを十分に持ち上げてくれる機能で、階調がより豊かに見えるようになる。黒つぶれを避けたいシーンでは効果的なので、試していただきたい。「切」と「入」があり、「入」は「オート」「Lv1」「Lv2」「Lv3」「Lv4」「Lv5」の中から選択できる。

［ 設定方法 ］

（露出/色）から［カラー/トーン］→［Dレンジオプティマイザー］を選ぶ。

コントロールホイールの◀/▶を押して、［Dレンジオプティマイザー］の希望の設定を選ぶ。

「切」で撮影した左の写真と見比べると、「Lv5」の設定にして撮った右の写真はシャドウ部が随分と持ち上がっている。

2 Dレンジオプティマイザーオフでの撮影

Dレンジオプティマイザーは、ハイライトの白とびとシャドウの黒つぶれが発生しにくくなるように、明暗のコントラストを低くしてくれる機能だが、あえて「切」にすることで、明暗のコントラストを高くしたポジフィルムのような表現が可能となる。筆者の場合、朝日や夕日を撮るときは「切」にして、さらに露出はアンダー寄りにしてメリハリを効かせることが多い。

朝焼けの空の色に重きをおきたかったので、Dレンジオプティマイザーは「切」にして、画面下の建物を完全にシルエットとし、メリハリを効かせた。

Dレンジオプティマイザーを「切」にすることで、シャドウ部をつぶれ気味にさせ、暗闇から明かりが浮かび上がるイメージとした。

Column

外部フラッシュを色表現に活用する

通常は被写体の色を忠実に再現できるように撮影をするが、何かしらの意図があって現実の色味とは異なるイメージカラーを再現するときや色遊びをしたいときは、外部フラッシュ「HVL-F60RM2」に付属している発光部に取り付ける「グリーン」と「アンバー」の2色のカラーフィルターを使ってみるのも面白い。通常発光では5500Kぐらいの白めの光を発光するが、発光部の前に取り付けることで、その色の光で写すことができる。難しく考えずに、気軽に色遊びをするつもりで試してみてほしい。

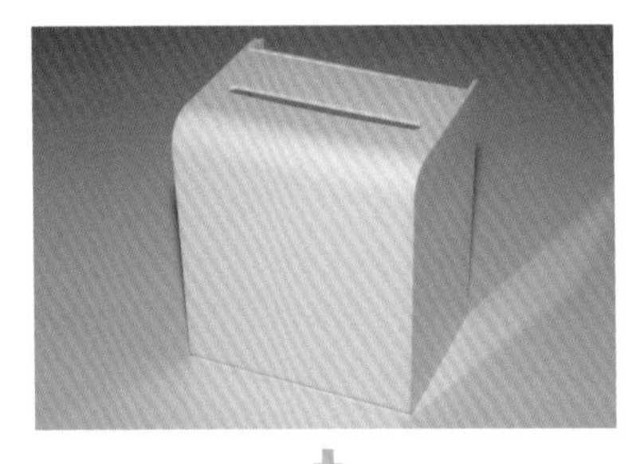

↓

カードボックスを撮影。上の写真は通常発光したので、リアルカラーで再現されているが、下の写真は発光部の前に付属してある「アンバー」のカラーフィルターを付けたので、オレンジ色で再現されている。

第7章

特殊撮影

SECTION 01 連続撮影
SECTION 02 セルフタイマー
SECTION 03 ブラケット撮影
SECTION 04 サイレント撮影
SECTION 05 フリッカーレス撮影
SECTION 06 超解像ズーム
SECTION 07 外部フラッシュの制御

SECTION 01 連続撮影

KEYWORD ▶ 連続撮影 ▶ フォーカスエリア

1 Hi+/Hi/Mid/Loの使い分け

α7C IIはドライブモードを「連続撮影:Hi+」に設定すると、最高で1秒間に10コマ連写することができる。野鳥やスポーツなど動きが早い被写体を撮るときはドライブモードを「Hi+」にすることで、決定的な瞬間を逃さずに撮影することができる可能性が高くなる。「Hi+」のほかに「Hi」「Mid」「Lo」から選択が可能なので、飛行機や鉄道など、いわゆる動きものを撮るときは、被写体が動くスピードによって使い分けたい。

［設定方法］

コントロールホイールの◀(ドライブモード)を押し、[連続撮影]を選ぶ。

コントロールホイールの◀/▶で、希望の設定を選ぶ。

［Hi+］

ドライブモードを最高の「Hi+」にして飛んでいるアオサギを連写した。飛んでいる野鳥を撮るときは10コマ/秒で撮影できる「Hi+」にすると、瞬間をとらえやすい。

［Hi］

近くを飛ぶ飛行機を「Hi」にして連続撮影した。野鳥ほど早くないと感じたので、ここでは、8コマ/秒の「Hi」で必要にして十分と判断した。

［Mid］

カメラ位置から飛行機までの距離が遠いので、「Mid」で問題はないと判断した。「Mid」だとバッファフルになるまで十分な時間があるので、慌てずに撮影できる。

［Lo］

駅に到着する直前のシーンなので、電車はスピードを落としていた。このような場合は「Lo」に設定して撮影するとよい。

2 フォーカスエリア登録と連続撮影

よく使うフォーカスエリアがある場合は、フォーカスエリア登録をしておくと便利だ。これによって、瞬時に登録した場所へフォーカスエリアを移動することができる。α7C IIはAFの精度と追従性能が確かなので、事前に登録したフォーカスエリア（→P.43）を呼び出し、連写をすることで、効率よく瞬間をとらえることができる。

画面の下に山並みや建物を取り入れたかったので、登録しているフォーカスエリアを呼び出して、飛行機を連写した。

グループ表示が便利

連続撮影した複数枚の写真は、再生時のインデックス画面でグループごとに表示することができる。グループ単位になっているため、大量に撮影しても確認しやすく、グループ単位での削除やプロテクトも簡単に行える。

▶（再生）から［再生オプション］→［グループ表示］を選ぶ。

［入］を選ぶ。

SECTION 02 セルフタイマー

KEYWORD ▶ セルフタイマー ▶ ブラケット撮影

1 セルフタイマーの設定

セルフタイマーは、シャッターボタンを押した後に時間差でシャッターが切れる機能で、2秒、5秒、10秒から選択することができる。三脚を使ってセルフタイマーを使うことで、手の振動によるカメラの外からのブレを効果的に抑えることができる。

［ 設定方法 ］

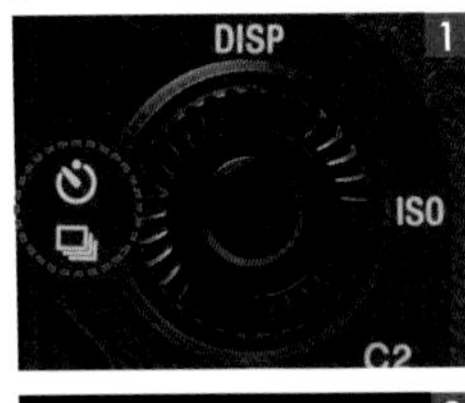

コントロールホイールの◀（ドライブモード）を押す。

［ドライブモード］から［セルフタイマー（1枚）］を選ぶ。

コントロールホイールの◀/▶で希望の秒数を選ぶ。

2 セルフタイマーによる連写撮影

上述の「セルフタイマー（1枚）」とは別に、「セルフタイマー（連続）」というものがある。例えば、この中の「5秒後 3枚」を選ぶと、シャッターボタンを押した後、5秒後から3枚連写される。記念撮影をするときなどに大変便利なので、活用したい。なお、三脚の使用はマストである。

［ セルフタイマー（連続）の種類 ］

10秒後 3枚	5秒後 5枚
10秒後 5枚	2秒後 3枚
5秒後 3枚	2秒後 5枚

3 セルフタイマーの効果

ISO感度を上げずに夜景などをスローシャッターで撮影する場合、三脚の出番となる。三脚を使えばブレないかというと、そうではなく、手ブレ補正をONにしても追いつかないほどシャッタースピードが遅い場合は、シャッターボタンを手押しすると、確実にブレてしまう。こんなときはセルフタイマーを使って、カメラの外からの振動を抑えたい。筆者は暗所で動きがない被写体を撮影するときは必ずセルフタイマーを活用している。

70-200ズームを78mm域にして、シャッタースピード1秒で撮影。カメラを三脚に付けて地面が振動していないときに撮影したが、シャッターを手押しして、カメラの外から振動を与えたため、ブレた写真になっている。

「セルフタイマー(1枚):2秒」に設定して撮影した。シャッターは手押ししたが、手によるカメラへの振動が収まった2秒後にシャッターが切れた結果、カメラの外からの振動なしのシャープな描写となった。

セルフタイマーによるブラケット撮影

露出を変えて数枚撮影するブラケット撮影にセルフタイマーを組み合わせられるので、試してほしい。メニュー画面から📷(撮影)→[ドライブモード]→[ブラケット設定]へ入り、ブラケット時のセルフタイマーを2秒、5秒、10秒の中からいずれかを選択する。ブラケットの順序も0→−→+と−→0→+の2つから選択できる。

SECTION 03 ブラケット撮影

KEYWORD ブラケット ホワイトバランスブラケット DROブラケット

1 連続ブラケット／1枚ブラケット

露出を変えて同じ被写体を撮るとき、通常、撮影者が任意で絞り値やシャッタースピード、ISO感度を変えて撮影する。これを効率的にできるのがブラケット機能だ。ブラケットとは、カメラが自動で段階的に露出を変えてくれる機能である。設定した枚数を連写で撮れる「連続ブラケット」と、撮影者が1枚ずつシャッターを切る「1枚ブラケット」がある。

[設定方法]

コントロールホイールの◀（ドライブモード）を押し、[ドライブモード]から[連続ブラケット]または[1枚ブラケット]を選ぶ。

コントロールホイールの◀/▶で希望の露出差と枚数を設定できる。

[標準]

[暗い]

[明るい]

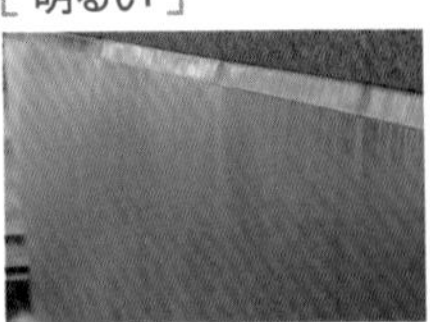

三脚を使って、連続ブラケットで撮影した。写真のサイズや鑑賞環境（モニターか紙か）で適正露出は変わるので、ブラケットはぜひ活用したい。

2 ホワイトバランスブラケット

α7C IIのブラケット機能は、露出だけでなく、「ホワイトバランスブラケット」もある。これは、ホワイトバランスを段階的に変えて撮影できる機能で、JPEG撮って出し派の人にはおすすめしたい。1回の撮影で、設定したホワイトバランスを基準に、ほかにシアン寄り、アンバー寄り、の3枚の画像データをカメラが生成してくれる。

［ AWB ］　［ シアン寄り ］　［ アンバー寄り ］

ホワイトバランスを「オート」にして、WBブラケット撮影した。RAW現像せずにJPEG撮って出し派の人には、便利なので、おすすめしたい。

［ メニュー項目 ］

ホワイトバランスブラケット：Lo	ホワイトバランスの変化が小さい3枚の画像を生成する。
ホワイトバランスブラケット：Hi	ホワイトバランスの変化が大きい3枚の画像を生成する。

3 DROブラケット

露出やホワイトバランスと同様に、Dレンジオプティマイザーもブラケットで撮影することができる。Dレンジオプティマイザーの効きのレベルが異なる3枚の画像をカメラが自動で生成してくれるので、明暗のコントラストが強く、動きがない被写体を撮る場合は、三脚を使って、試していただきたい。効果の大小は「Hi」と「Lo」の2つから選択することができる。

［ Lv1 ］　［ Lv2 ］　［ Lv3 ］

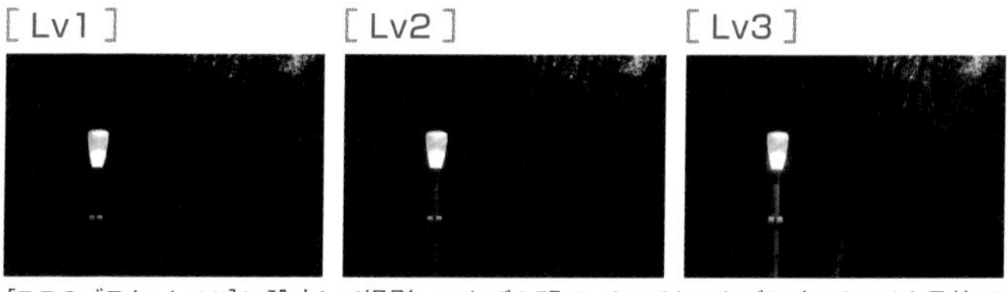

［DROブラケット：Hi］に設定して撮影。いちばん明るいところといちばん暗いところを見比べると、3枚の違いがよくわかる。

SECTION 04
サイレント撮影

KEYWORD ▶ サイレントモード

1 サイレントモードの設定

メニュー画面から📷（撮影）→［シャッター／サイレント］→［シャッター方式］に入ると、メカシャッターか電子シャッターかを選択できる。電子シャッターを選んだ後、シャッター方式の1つ上にある［サイレントモード設定］を［入］にする（→P.34）。これによって、無音で撮影することができる。ピアノの発表会や野生の生きものを撮るときなどは、電子シャッターのサイレントで撮影したい。

DATA
モード M　絞り F5.6　シャッター 1/125秒　ISO 640　WB オート
露出補正 +1　焦点距離 200mm

このスズメは人への警戒心があまりなく、至近距離から撮影することができた。しかしながら、野鳥は音に対して非常に敏感なので、撮影距離に余裕があるとき以外はサイレントで撮るようにしたい。

2 電子シャッターの連続撮影

動きが早い被写体を電子シャッターで撮影すると、ローリングシャッター歪みで、被写体の形が変形することがあるが、動きが早くなければ、歪みは人間の目にはわからないレベルである。シャッター音が害になるような状況で連写したいときは、電子シャッターで撮るのがおすすめだ。

獲物を狙って周囲を見渡すモズをサイレント撮影で連写した。シャッター音がしないので、メカシャッター時よりもモズの自然な表情をとらえることができる。

3 セルフタイマーとの組み合わせ

電子シャッターはメカシャッターと違って、シャッター幕が動かないので、撮影時にカメラの中の振動がない。さらに、セルフタイマーを使って撮影することで、カメラの外からの振動（シャッターボタンを押した手による振動）もほとんどゼロにすることができる。三脚を立てた地面が揺れていなければ、ほとんどすべての振動なしで写真を撮ることができる。

DATA

モード	M
絞り	F11
シャッター	1秒
ISO	140
WB	オート
露出補正	+0.3
焦点距離	81mm

電子シャッターに設定して、シャッタースピードを1秒にして撮影した。「セルフタイマー（1枚）：2秒」にすることで、シャッターボタンを押した手の振動が収まった後にシャッターが切れ、カメラの外からの振動をほとんどなしで撮影することができた。

SECTION 05 フリッカーレス撮影

KEYWORD ▶ フリッカーレス ▶ 高分解シャッター

1 フリッカーレス撮影の設定

蛍光灯は、実は点滅している。この点滅によるちらつきをフリッカーと言い、肉眼では見えないが、シャッタースピードを速くして撮影すると、フリッカーが写ってくる。フリッカーを写りにくくするためには、蛍光灯の点滅回数（東日本で100回/秒、西日本では120回/秒）よりもシャッタースピードを遅くする必要があるが、α7C IIは設定でフリッカーレスの撮影をすることができる。

［ 設定方法 ］

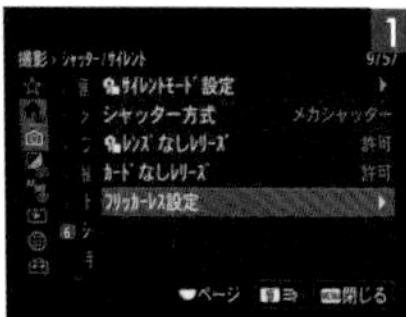

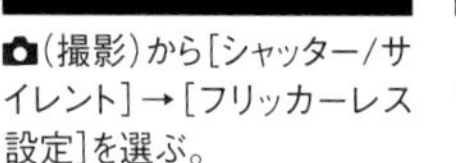
（撮影）から［シャッター/サイレント］→［フリッカーレス設定］を選ぶ。

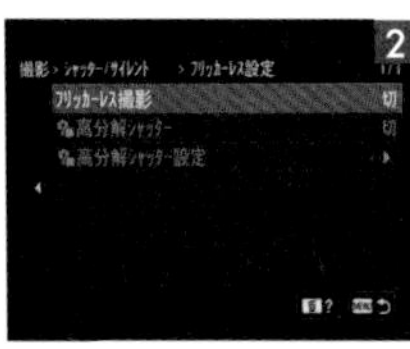

［フリッカーレス設定］から［フリッカーレス撮影］を選ぶ。

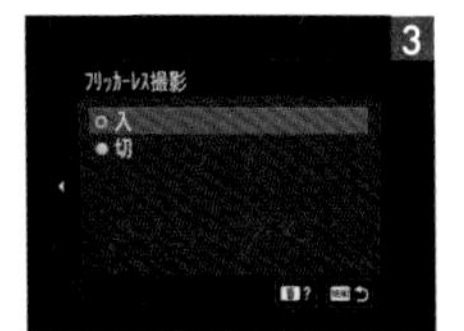

希望の設定項目を選ぶ。

フリッカーレス撮影の注意点

フリッカーレス撮影は便利だが、フリッカーレス設定は機能を「入」にしていても、カメラがフリッカーを感知できた時点で画面上に「Flicker」という表示が出るので、それまでシャッターを切るのを待たなければ動作しない。また、バルブ撮影や電子シャッターでは使用不可となっているので注意しよう。動画の撮影時に出る画面のちらつきもフリッカーだが、動画撮影でもフリッカーレス撮影機能が動作しないので、シャッタースピードを遅くして対処するしかない。

2 フリッカーレス撮影例

まずは、シャッター方式をメカシャッターにして、メニュー画面からフリッカーレスの設定を行う。フリッカーレスを「入」にすると、フリッカーがほとんど写らずに撮影することができる。蛍光灯下の室内でスローシャッターで撮影することが困難な場合は、この設定にして撮影することをおすすめする。

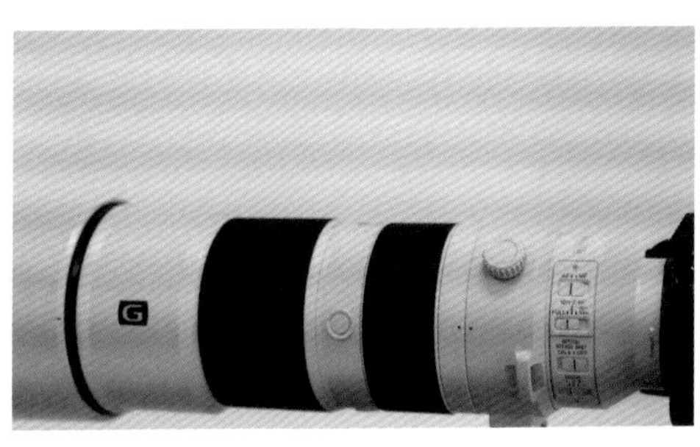

フリッカーレスの設定をせずに1/250秒で撮影。緑色っぽい縞模様のフリッカーが写っている。

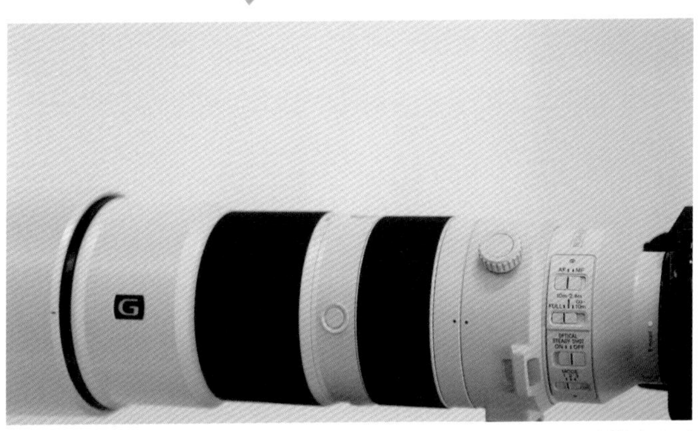

上の写真と同じく、シャッタースピードを1/250秒で撮影したが、フリッカーレスを「入」にして撮影したので、縞模様は出ていない。

3 高分解シャッターの設定

フリッカーレス撮影以外にフリッカーの影響をほとんどなくして撮影することができるもう1つの機能が高分解シャッターである。フリッカーの影響が少ないタイミングをカメラが自動で検知して撮影するフリッカーレス機能に対して、高分解シャッターはモニターで確認しながらフリッカーの影響が少なくなるシャッタースピードを選んで撮影する。なお、高分解シャッターは動画でも設定することができる。

[設定方法]

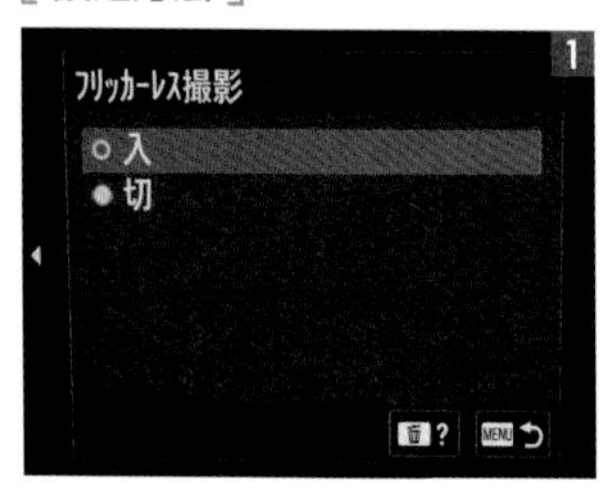

MかSモードにして、(撮影)から[シャッター/サイレント]→[フリッカーレス設定]を選択し、[入]を選ぶ。

(撮影)から[シャッター/サイレント]→[フリッカーレス設定]→[高分解シャッター]を選択し、[入]を選ぶ。

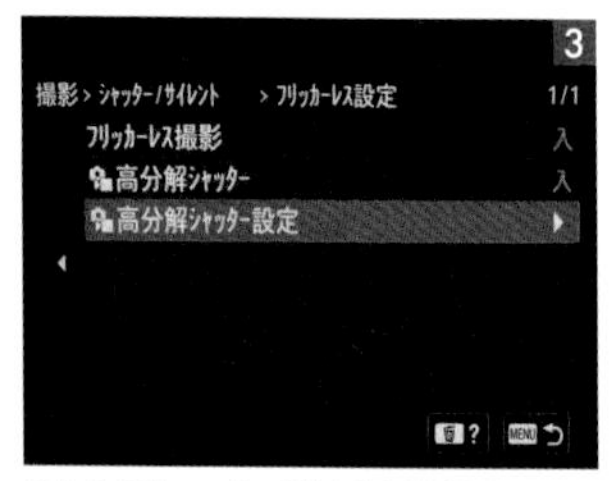

[高分解シャッター設定]を選択する。

後ダイヤルL、後ダイヤルR、またはコントロールホイールで高分解シャッタースピードを細かく設定する。

[1/15秒]

[1/60秒]

[1/250秒]

フリッカーレス、高分解シャッターの設定をせずに、シャッタースピードを変えて撮影した3枚。1/250秒だとはっきりとフリッカーが出ているが、1/60秒では目を凝らしてみれば、少しのフリッカーがわかる程度。1/15秒はフリッカーは出ていない。

4 高分解シャッターの撮影例

まずは、シャッタースピードを自分で決めることができる露出モードのM（マニュアル露出）もしくはS（シャッタースピード優先）にする。次に、モニターを見ながらフリッカーの影響が出ていないシャッタースピードを選択して撮影。撮影後に撮影した画像にフリッカーが出ていないかどうかを確認する。

高分解シャッターの設定をしていない左のカットはフリッカーの影響がはっきりと出ているが、高分解シャッターで撮影した右はフリッカーの影響は出ていない。

2枚を見比べると、高分解シャッターで撮影していない左の写真は規則的な縞模様が出てフリッカーの影響があることがわかる。

高分解シャッターはLEDライトにも対応

フリッカーレス撮影は主に蛍光灯などによって発生するフリッカーに対応しているが、高分解シャッターは蛍光灯などだけでなく、さらに周波数の高いLEDライトによるフリッカーにも対応することができる。

SECTION 06 超解像ズーム

KEYWORD ▶ 超解像ズーム ▶ 光学ズーム ▶ デジタルズーム

1 ズーム範囲の設定

α7C IIでは、光学ズーム以外のズーム機能を使って、ズームレンズによる光学ズームの倍率以上に拡大することが可能だ。「光学ズームのみ」「超解像ズーム」「デジタルズーム」の3つから選択することができる。レンズ側のズームだけの光学ズームが理想だが、被写体までの距離が遠く、もっと望遠が必要というときは画質があまり劣化しない超解像ズームを選び、画質の劣化を犠牲にしてでももっと望遠というときはデジタルズームを使うとよい。

[ズーム設定の種類]

光学ズームのみ	ズーム範囲を光学ズームの範囲内に制限する。JPEG・HEIF画像サイズがMまたはSの場合のみ、スマートズーム範囲も使用できる。
超解像ズーム	超解像ズーム範囲まで使用する場合はこの設定を選ぶ。光学ズーム範囲を超えても、画像劣化の少ない画像処理を用いて拡大できる。
デジタルズーム	超解像ズーム倍率を超えた場合に、画質は劣化するが、最大倍率が大きいズームを行える。

[設定方法]

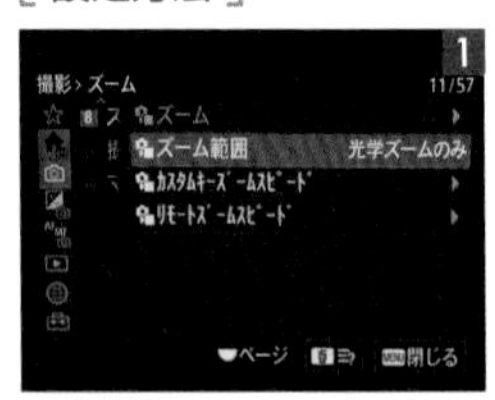

(撮影)から[ズーム]→[ズーム範囲]を選ぶ。

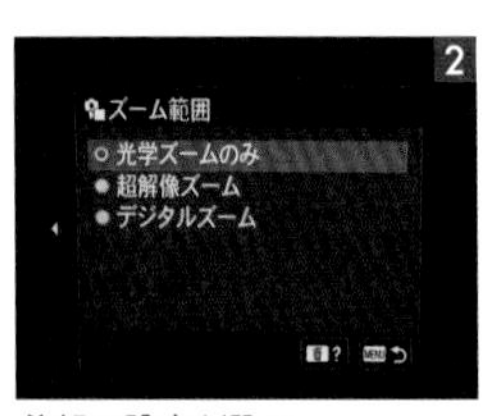

希望の設定を選ぶ。

(撮影)から[ズーム]→[ズーム]を選ぶと、撮影画面にズーム範囲を示すズームバーが表示され、コントロールホイールを回すと、ズーム倍率を変更することができる。電動ズームレンズの場合は、ズームレバーやズームリングで操作できる。

2 ズーム設定で撮影

被写体までの距離が遠く、レンズを一番望遠側にしても遠いなと思うときは、カメラ側のズームを使うのも1つの方法だ。画質があまり劣化しない超解像ズームと、画質は少し劣化するが、超解像ズームよりもさらに距離をかせげるデジタルズームの2つがある。RAWでは記録できないが、遠くの被写体を引き寄せたいときは重宝するので、活用してほしい。

[光学ズーム]

FE 200-600mm F5.6-6.3 G OSSを600mm側にして、池にある巣上に立つアオサギを撮影。写真を大きく使う場合でも窮屈にならない印象になるように、収まりのよい大きさで写した。

[超解像ズーム]

600mmの状態のまま、超解像ズームを×1.3にして撮影。上のカットよりも引き寄せられていることがおわかりいただけると思う。SNSにアップするなら、これぐらいの大きさがちょうどいいのかもしれない。

[デジタルズーム]

デジタルズームを×2.5にして撮影したのがこちらのカット。巣やアオサギの足はフレームアウトされ、大きく引き寄せられている。JPEG撮って出し派の人は大いに活用してほしい。

SECTION
07 外部フラッシュの制御

KEYWORD ▶ フラッシュ ▶ 日中シンクロ

1 外部フラッシュの設定

暗いところでの撮影や、逆光時にシャドウ部を持ち上げたいときは、フラッシュを活用することで表現の幅が広がる。α7C IIにフラッシュは内蔵されていないので、別売りの外部フラッシュを使って、外部フラッシュ発光設定や外部フラッシュカスタム設定を行う。

[フラッシュモードの種類]

発光禁止	フラッシュを発光させない。
自動発光	光量不足や逆光と判断したとき発光する。
強制発光	必ず発光する。
スローシンクロ	必ず発光する。スローシンクロでシャッタースピードを遅くして撮ると、被写体だけでなく、背景も明るく撮れる。
後幕シンクロ	露光が終わる直前のタイミングで必ず発光する。走っている自動車や歩いている人など動いている被写体を撮ると、動きの軌跡が自然な感じで撮れる。

[設定方法]

1 カメラにフラッシュを取り付ける。

2 レバーを右にスライドしてLOCKをする。

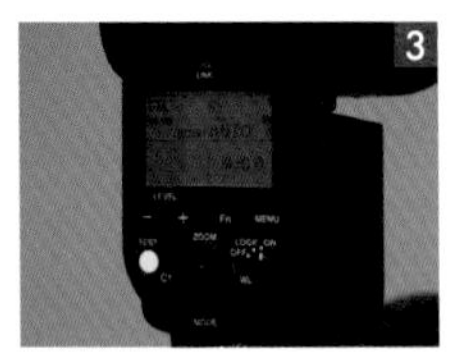
3 カメラとフラッシュの電源を入れる。

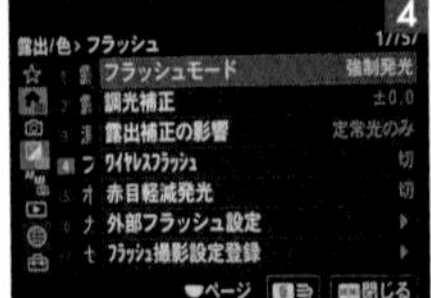

4 メニュー画面から[露出/色] → [フラッシュ] →[フラッシュモード]を選ぶ。

5 希望の設定を選択する。

2 フラッシュで撮影

外部フラッシュHVL-F60RM2は、α7C II本体とのコミュニケーションにより、発光ごとの光量のばらつきを抑制し、安定的に発光することができる。また、サイドフレーム補強構造金属シューを搭載したことで、前モデルのHVL-F60RMよりも強度が向上し、シュー部分にシーリングを行うことで、防塵・防滴性能も向上している。

［ −1.7 ］

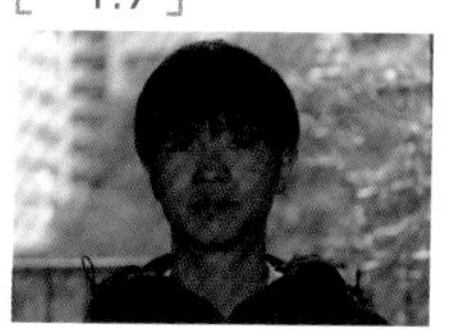

［ 補正なし ］

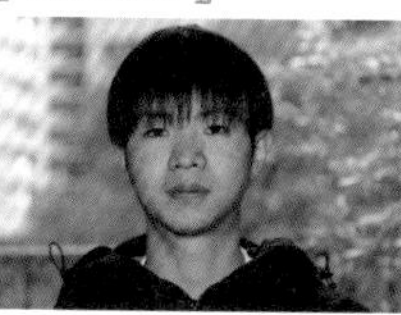

［ +1.7 ］

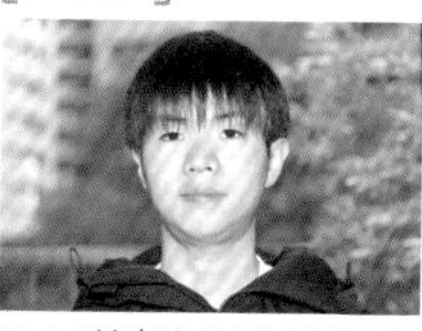

次のP.146も参考にしていただきたいが、カメラのダイナミックレンジを超えるような明暗差が激しい条件で人物を撮影する場合などは、HVL-F60RM2を使うことで、白とび・黒つぶれせずに、すべての階調を再現できるので、活用をおすすめする。なお、人物の撮影では（特にモデルがプロではない場合）、撮影前に発光することをモデルに伝え、実際に発光して、発光量の感覚を事前につかんでもらうと、目をつぶったカットなどの撮り損ねが減少し、撮影もスムーズに進みやすい。

［ 被写体認識との連動 ］

α7C IIはHVL-F60RM2の対応カメラなので、適切に連動し、被写体の顔に当たるフラッシュ光と環境の光のバランスが考慮され、顔がナチュラルな色調になるようにカメラ側で最適化される。

3 日中シンクロ

被写体を日中に逆光から撮る場合など、明暗のコントラストが強い条件で撮ると、主要被写体が暗く写ってしまう。これを避けるための方法は、①露出補正で明るさを調整、②撮影後にレタッチで調整、③日中シンクロの、3つがある。①の場合、暗く写っている主要被写体のところが適正な明るさになるように撮影すると、カメラのダイナミックレンジを超える明暗差があるため、明るいところが白とびしてしまう。②の場合、「暗いところだけをレタッチで明るく」→「明るくしたところにノイズが出る」→「ノイズを低減する処理」のような調整をするとノイズは低減されるが、質感が損なわれる。③は、ノイズが増加したり、質感が損なわれたりすることなく、暗いところを明るく写し、明るいところが白とびすることもない。このようなシーンではストロボを発光させて影の部分に補助光を与える「日中シンクロ」で撮影されることをおすすめする。

[補正なし]

フラッシュなしで、露出補正もせずに撮影したので、顔が暗く写っている。

[補正あり]

フラッシュなしで、露出を＋2.3補正して撮影。顔は明るくなったが、背景の空は白とびしている。

[日中シンクロ]

日中シンクロで撮影。背景が白とびすることなく、顔が明るく写っている。

第8章

動画撮影

SECTION 01 動画撮影の基本設定
SECTION 02 さまざまな動画撮影
SECTION 03 オートフレーミングを活用する
SECTION 04 S-Cinetone
SECTION 05 スロー&クイックモーション動画
SECTION 06 バリアングルモニターの活用
SECTION 07 動画撮影機能の詳細設定

SECTION 01 動画撮影の基本設定

KEYWORD ▶ フレームレート ▶ ビットレート ▶ S-Log ▶ ピクチャープロファイル ▶ ガンマ表示アシスト

1 記録方式・記録設定の使い分け

α7C IIでは動画の記録方式を5種類から選択でき、記録した動画はどれでもスマートフォンアプリCreators' App（→P.170）のクラウドストレージに保存できる。また、動画撮影時のフレームレートとビットレート、色情報なども設定可能だ。

［ 記録方式の種類 ］

XAVC HS 4K	圧縮効率の高いHEVCコーデックを使用するXAVC HS方式。XAVC S方式と比べると同じデータ容量でより高画質の動画を記録できる。映像圧縮方式はLong GOPを採用。
XAVC S 4K	4K解像度（3840×2160）で記録できる。映像圧縮方式はLong GOPを採用。
XAVC S HD	HD解像度（1920×1080）で記録できる。映像圧縮方式はLong GOPを採用。
XAVC S-I 4K	XAVC S-I方式で4K解像度の撮影ができる。映像圧縮方法はIntra圧縮方式を採用しており、Long GOPに比べて編集に適している。
XAVC S-I HD	XAVC S-I方式でHD解像度の撮影ができる。映像圧縮方法にIntraを採用しており、Long GOP圧縮に比べて編集に適している。

［ 記録設定 ］ ※記録方式が［XAVC S-I 4K］のとき

記録フレームレート	記録設定	サイズ	映像圧縮方式
60p	600M 4:2:2 10bit	3840×2160	Intra
30p	300M 4:2:2 10bit	3840×2160	Intra
24p	240M 4:2:2 10bit	3840×2160	Intra

200M 4:2:2 10bit
Ⓐ Ⓑ Ⓒ

Ⓐビットレート……数値が高いほど高画質で撮影できる。

Ⓑカラーサンプリング……色情報の記録割合。割合が均等であるほど色再現性に優れている。

Ⓒビット深度……輝度情報の階調。数値が高いほど明部から暗部まで滑らかな表現が可能。

［ 設定方法 ］

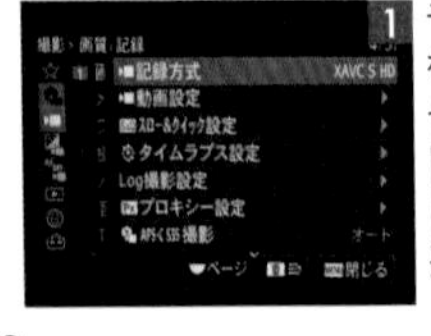

モードダイヤルを動画に合わせ、▶■（撮影）から［画質/記録］→［記録方式］を選ぶ。

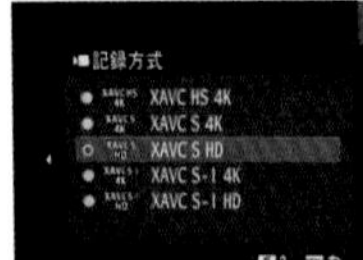

希望の記録方式を選ぶ。

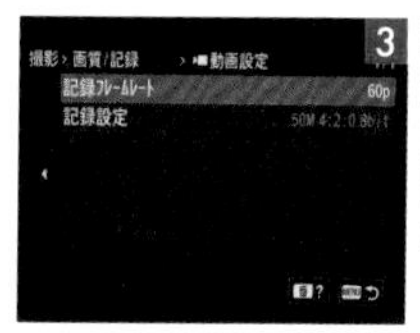

▶■(撮影)の[画質/記録]から[動画設定]→[記録フレームレート]を選ぶ。

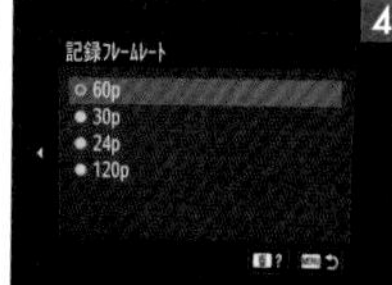

希望の設定を選ぶ。

2 Log／S-Logとは

Logarithmの頭文字3文字をとった略語がLogで、もともと映画のフィルムをデジタル化するために使われた技術だが、今ではデジタル撮影でも普通に使われるようになった。ソニーが自社のカメラに最適化して設計したのがS-Logで、ダイナミックレンジが広く豊かな階調の映像を撮ることができる。

Log撮影の「入」を選択して、色域を「S-Gamut3.Cine/S-Log3」に設定して撮影。モデルがいるところよりも背景の方がかなり明るいが、顔は黒つぶれしていない。

[設定方法]

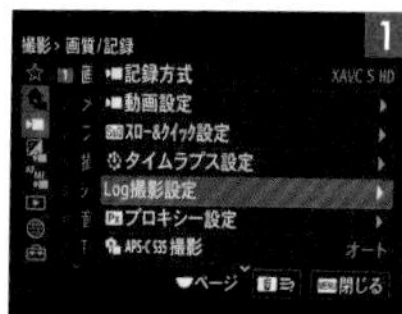

▶■(撮影)→[画質/記録]→[Log撮影設定]を選ぶ。

[Log撮影]が[入]の状態で[色域]を選ぶ。

希望の色域を選ぶ。

3 ピクチャープロファイル

動画撮影時は、映像向きに最適化されたピクチャープロファイルを使うことをおすすめする。映像の諧調や色味が異なるプリセットから選ぶことができる。なお、α7C IIは、S-Logのプリセット「PP7」「PP8」「PP9」がないので、注意が必要だ。S-Logでの撮影はP.149をご参照いただきたい。

[ピクチャープロファイルの種類]

PP1	[Movie]ガンマを用いた設定例。
PP2	[Still]ガンマを用いた設定例。
PP3	[ITU709]ガンマを用いた自然な色合いの設定例。
PP4	ITU709規格に忠実な色合いの設定例。
PP5	[Cine1]ガンマを用いた設定例。
PP6	[Cine2]ガンマを用いた設定例
PP10	[HLG2]ガンマを用いたHDR撮影を行う場合の設定例。
PP11	[S-Cinetone]ガンマを用いた設定例。

[PP1]

[PP4]

[PP10]

[PP11]

［ 設定方法 ］

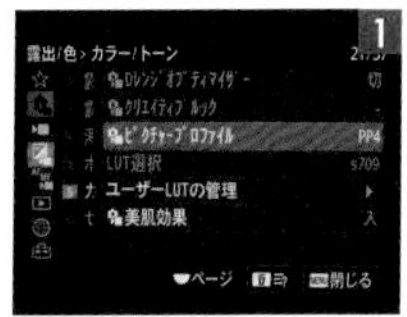

(露出/色)から[カラー/トーン]→[ピクチャープロファイル]を選ぶ。

コントロールホイール▲/▼で希望のピクチャープロファイルを選ぶ。

4 ガンマ表示アシスト

S-Logの映像はコントラストが低くなるので、モニターでは色や構図、露出などの確認がしにくくなる。しかし、ガンマ表示アシスト機能を使うと、モニターに通常の動画撮影と同等のコントラストで映像が再現されるので、確認がしやすくなる。この機能はモニターの表示上だけで、実際に記録される映像には影響がない。

［ 設定方法 ］

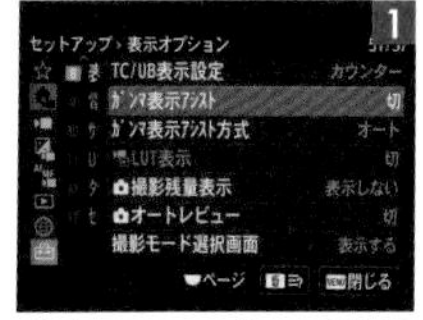

(セットアップ)から[表示オプション]→[ガンマ表示アシスト]を選ぶ。

[入]を選ぶ。

モニター画面のコントラストが切り換わる。

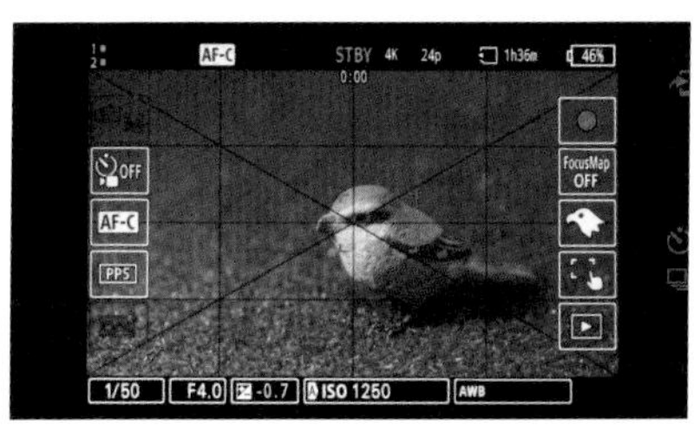

［ 切 ］

［ 入 ］

ガンマ表示アシストを「切」にした上と「入」にした下を見比べると一目瞭然。モニターでチェックがしやすいので、ガンマ表示アシスト機能は積極的に使いたい。

第8章 動画撮影

SECTION 02 さまざまな動画撮影

KEYWORD ▶ 4K動画 ▶ 被写体認識AF ▶ ブリージング補正 ▶ 手ブレ補正 ▶ フォーカスマップ

1 4K動画の撮影

α7C IIでは、モアレやジャギーの少ない高解像の映像表現が楽しめる。4K動画撮影をするには記録方式を「XAVC HS 4K」または「XAVC S 4K」「XAVC S-I 4K」に設定し、Class 10以上のSDHC/SDXCカードが必要だ（100Mbps記録時はUHSスピードクラス3が必要）。また、動画撮影時の露出モードはP/A/S/Mモードと、絞り値とシャッタースピード、ISO感度のオート/マニュアルを個別に設定できるフレキシブル露出モードから選択する。

［ 設定方法 ］

静止画/動画/S&Q切換ダイヤルを▶■（動画）に合わせる。

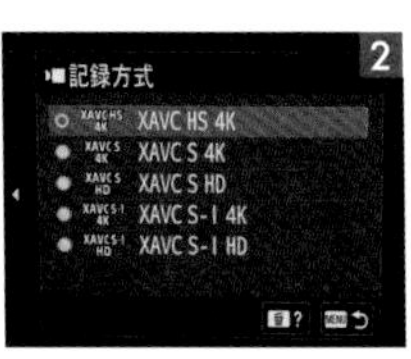

▶■（撮影）から［画質/記録］→［記録方式］→4Kの記録方式を選ぶ。

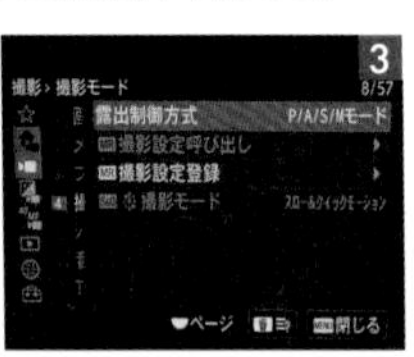

▶■（撮影）から［撮影モード］→［露出制御方式］を選ぶ。

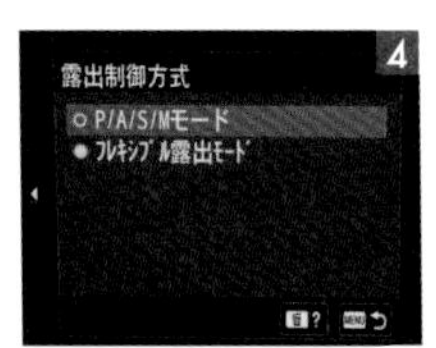

希望の［露出モード］を選ぶ。

シャッターボタンを半押しして、ピントを合わせる。

MOVIEボタンを押すと動画撮影が開始され、もう一度押すと撮影が終了する。

2 被写体認識AFで動物を撮影

α7C IIの被写体認識AFは静止画だけでなく、動画でも使うことができる。動物を動画で撮影する場合の設定は、静止画と同様に、AF時の被写体認識を「入」に、認識対象を「動物」もしくは「動物/鳥」に設定する。動画撮影時は認識部位の設定はできないので、注意が必要だ。

[設定方法]

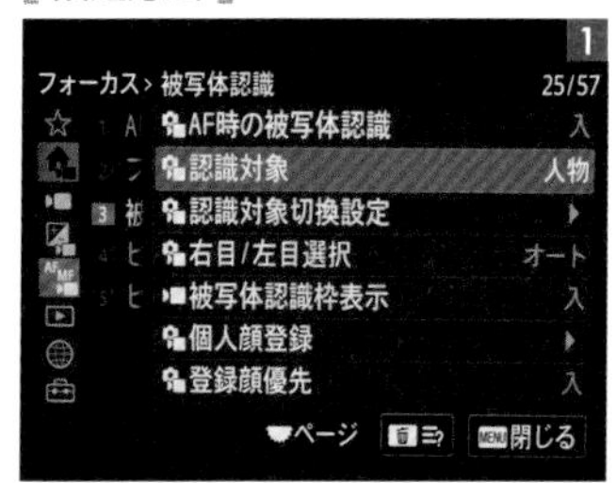

AF/MF(AF/MF)から[被写体認識]→[認識対象]を選ぶ。

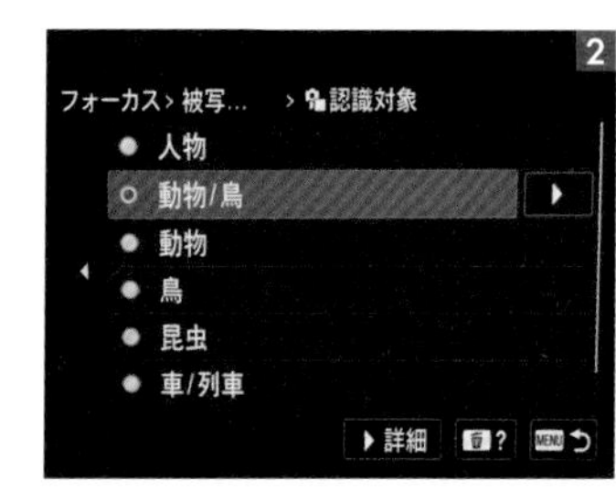

認識対象は[動物/鳥]もしくは[動物]を選ぶ。

認識対象を動物に設定して、動物園のライオンを撮影。ライオンはうとうとしていて、目を開けたり閉じたりしていたが、閉じたときも瞳をロストすることはなく、認識、合焦し続けてくれた。

DATA

モード M 絞り F11 シャッター 1/125秒 ISO 400 WB オート
露出補正 +0.7 焦点距離 165mm レンズ FE70-200mm F4 Macro G OSS II

3 フォーカス時のブリージング補正

レンズの焦点距離が同じでも、ピントを合わせる位置によって画角が微妙に変わってしまうことをフォーカスブリージングという。ブリージングは静止画のときは気にならなくても、動画撮影時はちょっとやっかいな現象であるが、これを補正する機能がα7C IIに搭載されている。自動補正対応レンズのみで使える機能なので、ソニーの専用サポートサイトで確認していただきたい。

[設定方法]

▶■(撮影)から[画質/記録]→[レンズ補正]を選ぶ。

[ブリージング補正]を選ぶ。

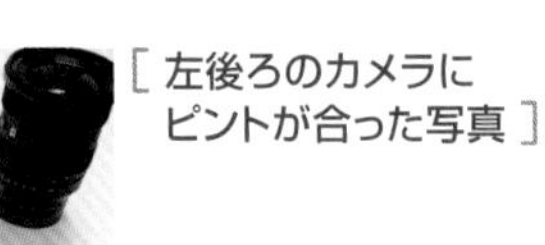

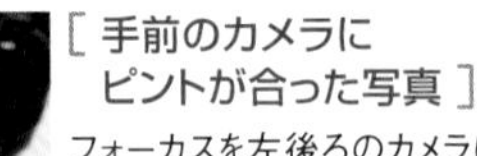

フォーカスを左後ろのカメラに合わせた上の写真よりも手前のカメラに合わせた下の写真の画角が少し狭くなっている。これがフォーカスブリージングで、これを補正する機能がフォーカスブリージング補正だ。

4 アクティブモードによる手ブレ補正

動画撮影時の手ブレ補正機能は「スタンダード」のほかに強い手ブレ補正の「アクティブ」がある。アクティブモードの手ブレ補正は、高精度に検出した手ブレ量を光学的に補正し、それに加えて電子的な補正も行うことで、大きなブレを抑制し、安定的に動画を撮影することができる。

[設定方法]

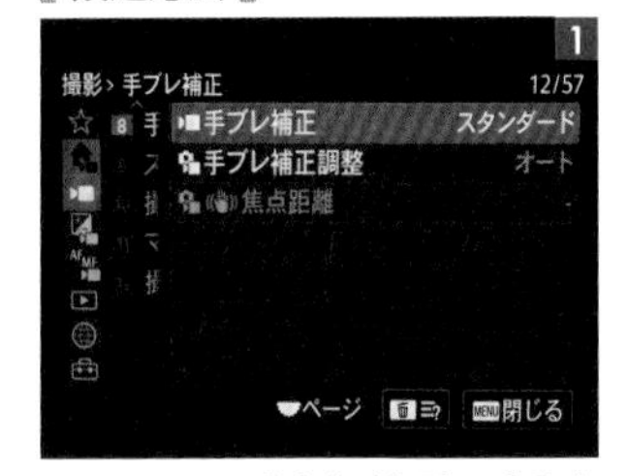

(撮影)から[手ブレ補正]→[手ブレ補正]を選ぶ。

[アクティブ]を選ぶ。

[スタンダード]

[アクティブ]

静止画よりも動画の方が手ブレが気になるところだが、手ブレ補正をアクティブにすることで、かなり良好に補正されていることがわかる。画角が少し狭くなる点は注意したい。

5 フォーカスマップで撮影

フォーカスマップ機能は、α7C IIにも搭載されている。フォーカスマップは、被写界深度（ピントを合わせた部分の前後のピントが合っているように見える範囲）を視覚的にわかりやすく画面上に表示してくれる機能で、被写界深度が浅い場合でも深い場合でも非常に便利なので、ぜひ活用していただきたい。

［ 設定方法 ］

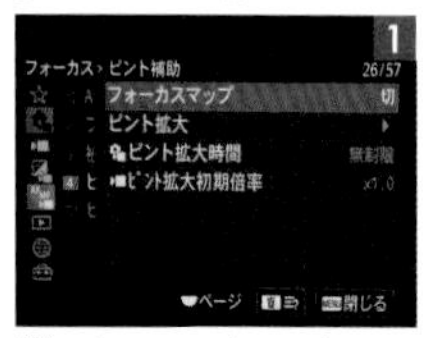

AF_{MF}（AF/MF）から［ピント補助］→［フォーカスマップ］を選ぶ。

［入］を選ぶ。

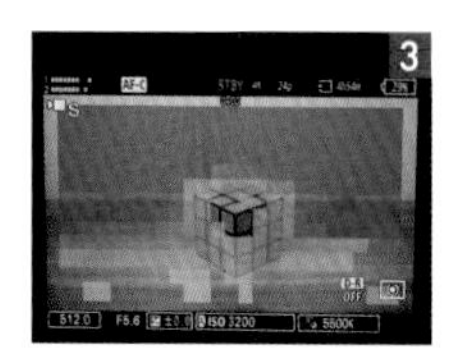

フォーカスマップがモニターに表示される。

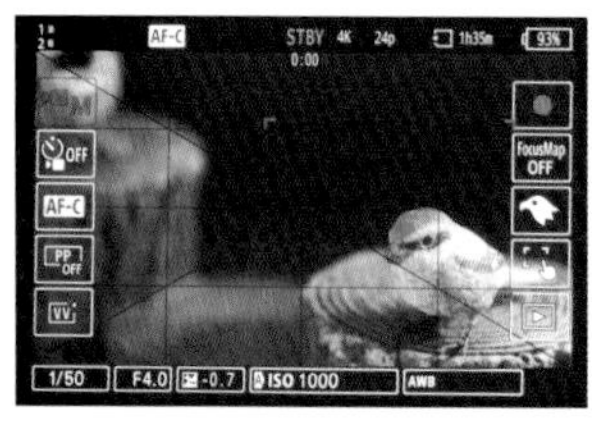

［ フォーカスマップ：切 ］

［ フォーカスマップ：入 ］

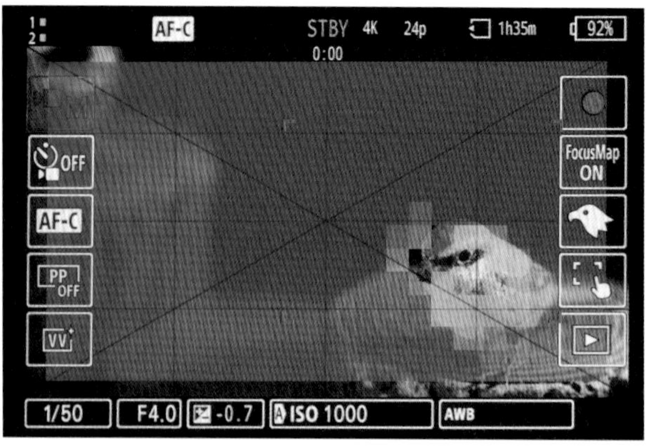

フォーカスマップを［入］に設定した写真と［切］にした写真を見比べてみると、［入］の写真は被写界深度が可視化されているので、視覚的に被写界深度を確認することができる。

6 AF中のピーキングで撮影

動画撮影のとき、ピーキングの設定にすると、マニュアルフォーカス時だけでなく、AF時でもフォーカスポイントの輪郭を色で強調してくれる。色は「レッド」「イエロー」「ブルー」「ホワイト」の4種類から選択することができ、強調レベルは「高」「中」「低」の3種類から選べる。シャープな部分をピントが合ったと判断するため、被写体やレンズによって、表示効果が異なることに注意しよう。

[設定方法]

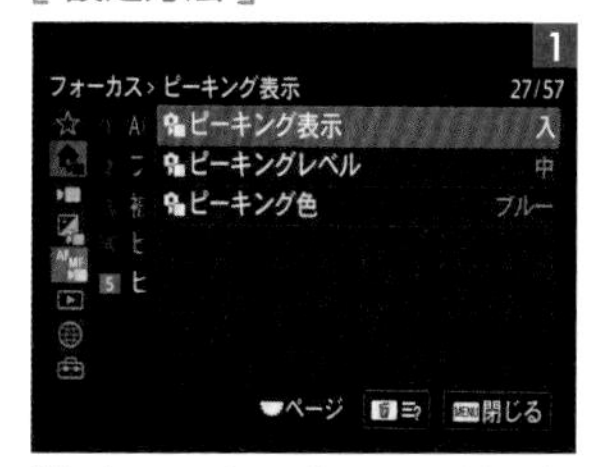

$^{AF}_{MF}$(AF/MF)から[ピーキング表示]を選ぶ。

[入]を選び、「ピーキングレベル」と「ピーキング色」の希望の設定を選ぶ。

[ピーキング表示：切]

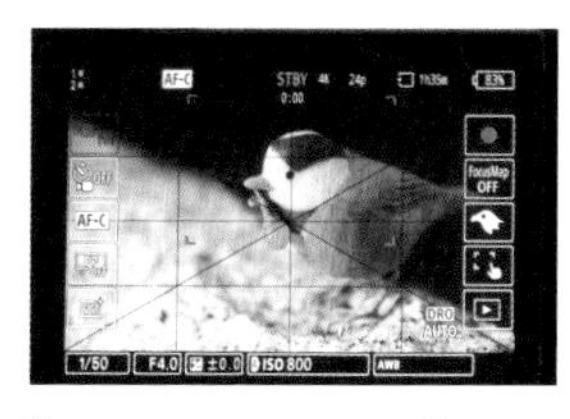

[ピーキング表示：入]

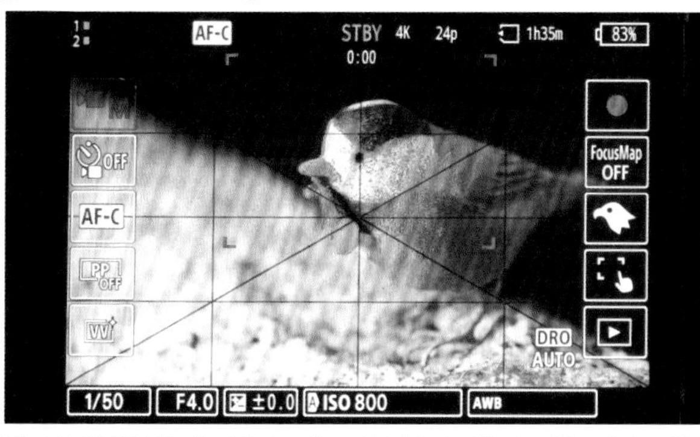

ピーキング表示を[入]に、ピーキングレベルを[高]に、ピーキング色を[ブルー]にして撮影した。フォーカスポイントが視覚的にわかりやすいので、ぜひ使ってみてほしい。

SECTION 03 オートフレーミングを活用する

KEYWORD ▶ オートフレーミング

1 オートフレーミングとは

オートフレーミングとは、動画撮影時に認識した被写体をクロップ（画面の切り出し）することによって、カメラが自動でフレーミングを変えることをいう。クロップレベルは「小」「中」「大」の3つから選択することができ、フレーミング動作モードは「トラッキング時に開始」「自動開始」「自動開始（15秒切換）」「自動開始（30秒切換）」の4つから選べる。

［ 設定方法 ］

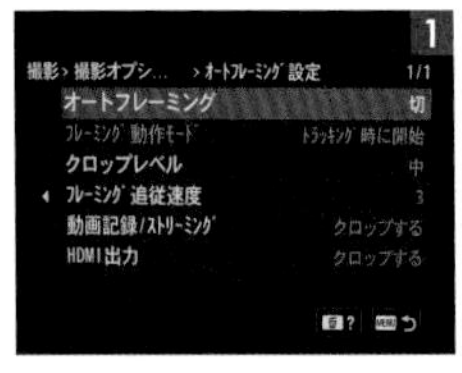

（撮影）から［撮影オプション］→［オートフレーミング設定］→［オートフレーミング］を選ぶ。

［入］を選ぶ。

［ オートフレーミング：切 ］

［ オートフレーミング：入 ］

オートフレーミング［切］と［入］（クロップレベル大）を見比べると、明らかに画角が違うことがわかる。

2 オートフレーミングによる撮影

作例の2点は同じ日に同じ場所で動画撮影したもので、2点ともにオートフレーミングの設定を入にしている。三脚でカメラ位置を固定して、35mmの単焦点レンズで撮影しているが、▶■(撮影)から[撮影オプション]→[オートフレーミング設定]→[フレーミング動作モード]を[自動開始(15秒切換)]か[自動開始(30秒切換)]の設定にすれば、ズームレンズを使って、ズーミングしてカメラを振りながら撮影したかのように撮れる。オートフレーミングはぜひ1度試していただきたい。

[設定方法]

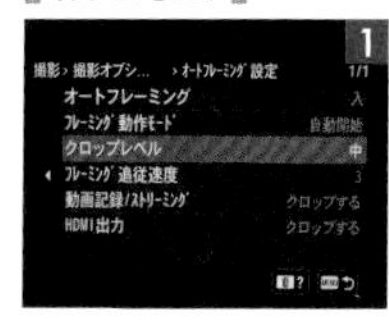

▶■(撮影)から[撮影オプション] → [オートフレーミング設定] → [クロップレベル]を選ぶ。

希望の設定をコントロールホイールの▲／▼で選ぶ。

[クロップレベル：小]

クロップレベルを［小］にして撮影。広角レンズで撮影したが、クロップされることで、体感的には標準レンズで撮影したかのようなイメージになる。

DATA

モード M　絞り F11　シャッター 1/50秒　ISO 800　WB オート
露出補正 +0.7　焦点距離 35mm　レンズ FE 35mm F1.4 GM

[クロップレベル：大]

クロップレベルを［大］にして撮影。大きくクロップされ、まるで望遠レンズで撮影したかのようなイメージになる。

SECTION 04 S-Cinetone

KEYWORD ▶ S-Cinetone ▶ ピクチャープロファイル

1 S-Cinetoneの特徴

好評の「S-Cinetone」は、α7C IIにも搭載されている。S-Cinetoneは、人の肌を美しく見せるために、中間色を豊かに表現し、ソフトな色合いで描写される。また、ハイライトのコントラストが低いので、自然なトーンに仕上がるのが特徴だ。人物を動画で撮影するときにぜひとも使いたい機能だ。

[設定方法]

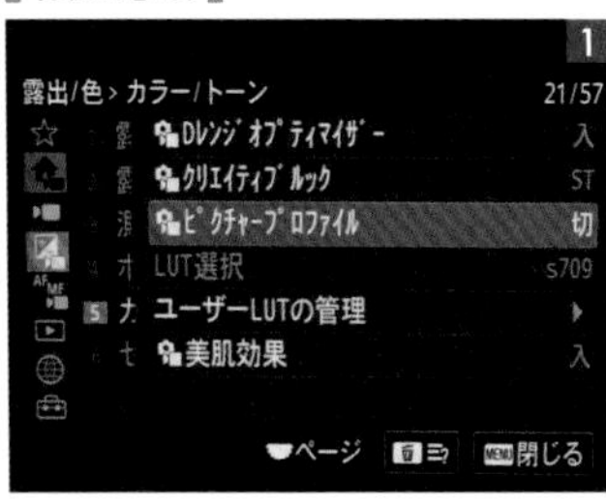

(露出/色)から[カラー/トーン]→[ピクチャープロファイル]を選ぶ。

「PP11」(S-Cinetone)をコントロールホイールの▲/▼で選ぶ。

[PP11：切]

[PP11：入]

ピクチャープロファイルを「PP11」にして撮影。左の「切」にして撮影したものと見比べると、シャドウが持ち上がり、ハイライトのトーンもナチュラルであることがわかる。

2 S-Cinetoneによる撮影

S-Cinetoneは、ハイライトのコントラストが低く、ソフトな色合いなので、人によっては黒の締まりがもう少しほしいと感じるかもしれない。そんなときは、ブラックレベルを+3～+5ぐらいに上げて設定することをおすすめする。

ベンチに座っている男性が水を飲んでいたところを動画で撮影した。晴天の硬い光で撮影しているにもかかわらず、男性の肌のトーンが柔らかだ。

DATA

モード M　絞り F5.6　シャッター 1/125秒　ISO 320　WB オート
露出補正 +0.7　焦点距離 90mm　レンズ FE70-200mm F4 Macro G OSS II

撮影中の男性を動画で撮影した。カメラを持つ左手には直接に硬い光が当たっているが、ハイライトの描写は心地よい。

DATA

モード M　絞り F5.6　シャッター 1/125秒　ISO 400　WB オート
露出補正 +0.7　焦点距離 78mm　レンズ FE70-200mm F4 Macro G OSS II

SECTION 05 スロー&クイックモーション動画

KEYWORD ▶ スロー&クイックモーション ▶ フレームレート

1 スロー&クイックモーション

静止画/動画/S&Q切換ダイヤルをS&Qに合わせると、スロー&クイックモーションという動画撮影モードになる。これは撮影フレームレートと記録フレームレートを違う値に設定し、スローモーションや早送りの動画を記録できるモードだ。なお、動画撮影としてはP/S/A/Mモードと同じ機能が使える。

[設定方法]

静止画/動画/S&Q切換ダイヤルをS&Q(スロー&クイックモーション)に合わせる。

(撮影)から[画質/記録]→[S&Q スロー&クイック設定]を選ぶ。

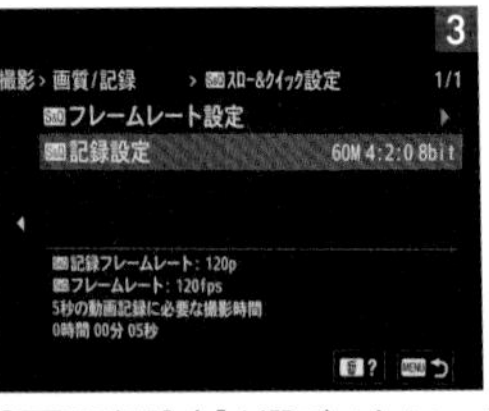

[S&Q 記録設定]を選び、ビットレート、カラーサンプリング、ビット深度を設定する。

[S&Q フレームレート設定]を選び、フレームレートを設定する。

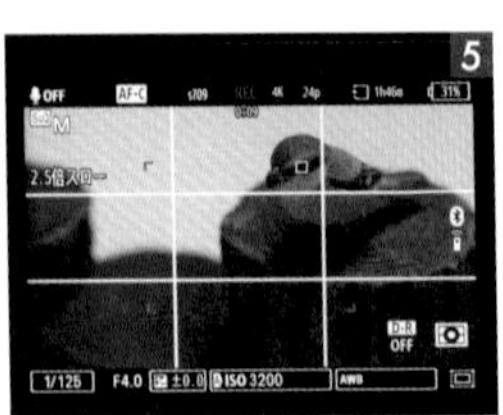

MOVIEボタンを押して、撮影を開始する。

2 フレームレートと再生速度

フレームレート(FPS)とは、1秒間に何枚の画像で構成しているのかを表す単位で、単にpで表すことも多い。例えば60pは1秒間に60枚の画像を連続して再生することで動いているように見せている。そして、60pで撮影した動画を60pで再生すると通常の再生速度となり、30pで再生すると、2倍のスローモーション動画となる。以下の表を参照していただきたい。

[フレームレートと再生速度の関係]

フレームレート	記録フレームレート			
	24p	30p	60p	120p
120fps	5倍スロー	4倍スロー	2倍スロー	通常の再生速度
60fps	2.5倍スロー	2倍スロー	通常の再生速度	2倍クイック
30fps	1.25倍スロー	通常の再生速度	2倍クイック	4倍クイック
15fps	1.6倍クイック	2倍クイック	4倍クイック	8倍クイック
8fps	3倍クイック	3.75倍クイック	7.5倍クイック	15倍クイック
4fps	6倍クイック	7.5倍クイック	15倍クイック	30倍クイック
2fps	12倍クイック	15倍クイック	30倍クイック	60倍クイック
1fps	24倍クイック	30倍クイック	60倍クイック	120倍クイック

フレームレートを60fpsに、記録フレームレートを24pにすることで、2.5倍のスローモーションにして、ヒドリガモが毛繕いをしているところを撮影した。

SECTION 06 バリアングルモニターの活用

KEYWORD ▶ バリアングルモニター

1 バリアングルモニターの使いどころ

バリアングルモニターは光軸がずれるという点で、写真歴が長い人にとっては抵抗があるかもしれないが、1度使ってみると、大変便利で、チルト式のモニターが不便に感じてしまうほどだ。目線よりも高い位置でカメラを構えるハイポジションのときや、腰よりも低い位置で構えるローポジションや自撮り撮影するときは本当に便利だ。

バリアングルモニターは左側が支点となっているので、右側から引き出す。

チルト式などと比べると、バリアングルはアングルの自由度が高いので、厳密に調整することができる。

カメラ位置を高くして見下ろしで撮影しているところ。このようなケースでも、バリアングルモニターのカメラだと、脚立なしで撮影することができる。

2 バリアングルモニターで撮影

ジンバルを使って動画を撮る場合、バリアングルモニターのありがたさを実感できる。チルト式のカメラをジンバルに付けると、背面のモニターとジンバルが干渉してモニターが見えなくなってしまい、最悪の場合、撮影したいポジションから撮影ができないこともある。その点、バリアングルだと横に引き出せるので、ジンバルと干渉することなく、撮りたいポジションから撮影することができる。

高いところからアオサギを見下ろしで撮影。このような場合、バリアングルモニターがいかに便利かを実感できる。

DATA

モード M 絞り F16 シャッター 1/125秒 ISO 125 WB オート
露出補正 -1 焦点距離 150mm レンズ FE100-400mm F4.5-5.6 GM OSS

三脚をフル開脚してローポジションからヒドリガモを撮影。バリアングルモニターを調整することで、地面に腹ばいにならずに撮影できた。

DATA

モード M 絞り F8 シャッター 1/125秒 ISO 250 WB オート
露出補正 ±0 焦点距離 148mm レンズ FE100-400mm F4.5-5.6 GM OSS

SECTION 07 動画撮影機能の詳細設定

KEYWORD ▶ AFトランジション速度 ▶ AF乗り移り感度

1 AFトランジション速度とAF乗り移り感度

動画の撮影時に、AFの対象が切り換わったときのフォーカスを動かすスピードを「AFトランジション速度」といい、低速側の1から高速側の7まで7段階調整することができる。また、被写体がフォーカスエリアから外れ、別の被写体に乗り移る感度を「AF乗り移り感度」といい、粘る側の1から敏感側の5まで5段階調整することができる。被写体やフレームレートに応じて、調整して使い分けたい機能だ。

［設定方法］

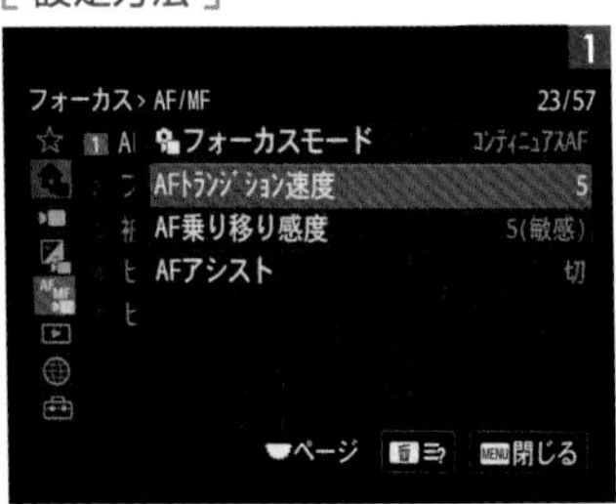

AF_{MF}（AF/MF）から［AF/MF］→［AFトランジション速度］を選ぶ。

希望の速度を選ぶ。

AF_{MF}（AF/MF）から［AF/MF］→［AF乗り移り感度］を選ぶ。

希望の感度を選ぶ。

2 動画撮影時の便利機能の活用

α7C IIには、動画撮影時にうれしい機能がたくさん搭載されている。特に小さいファイルサイズを同時記録できるプロキシー記録は、スマートフォンでの鑑賞やWebサイトへのアップロードに適しており、SNSを利用している人にはおすすめだ。

［ 動画撮影時の便利機能一覧 ］

音声記録 (撮影)→[音声記録]→[音声記録]	動画撮影時に音声を記録するかどうかを設定する。撮影中のレンズやカメラの動作音などが記録されるのを防ぎたい場合は「切」を選んでおく。
録音レベル (撮影)→[音声記録]→[録音レベル]	レベルメーターを見ながら録音レベルを調整できる機能。大きな音の動画を録画する場合は、[録音レベル]を−側に設定すると臨場感のある音声が記録でき、小さな音の動画を録画する場合は、+側に設定すると聞きやすい音声で記録できる。(削除)ボタンを押すと、初期値に戻る。
マーカー表示 (撮影)→[マーカー表示]	動画撮影時に、マーカーをモニターまたはファインダーに表示するかどうかや、表示するマーカーの種類を設定する。
プロキシー設定 (撮影)→[画質/記録]→[プロキシー設定]	動画撮影時、スロー&クイックモーション撮影時およびタイムラプス動画撮影時に、低ビットレートのプロキシー動画を同時に記録することができる。[入] に設定すると同時に記録できる。
記録中の強調表示 (撮影)→[撮影画面表示]→[記録中の強調表示]	動画を記録中に、モニター全体に赤い枠を表示する。カメラのモニターを斜めから見る場合や遠くから見る場合でも、撮影スタンバイ中か記録中かが確認しやすくなる。
オートスローシャッター (露出/色)→[露出]→[オートスローシャッター]	動画撮影時、被写体が暗いときに自動でシャッタースピードを遅くするかどうかを設定する。
シャッターボタンで動画撮影 (セットアップ)→[操作カスタマイズ]→[シャッターボタンでREC]	MOVIEボタンの代わりに、より大きく押しやすいシャッターボタンを使って、動画撮影の開始/停止を行うことができる。

Column

インターバル撮影

α7C IIはインターバル撮影をすることができる。撮影開始時間（1秒～99分59秒まで）、撮影間隔（1秒～60秒まで）、撮影回数（1～9999回まで）、AE追従感度（高・中・低の3段階）を撮影者が任意で選択することができる。また、Imaging Edge Desktopを使うことで、インターバル撮影した画像をつなぎ合わせてタイムラプス的な動画をつくることができる。S&Qモードのクイック動画の場合、静止画は動画から切り出した小さな画像データしか残せないが、インターバル撮影はα7C IIのフルサイズ3300万画素のフル画面の静止画も残したまま動画をつくれる利点があるので、ぜひ試してみてほしい。朝日が昇る前後の空の風景や車が走っているところ、植物の成長など撮影してみてはいかがだろうか。なお、構図を固定するために三脚の使用が必要となる。また、撮影回数が多い場合は、バッテリーが撮影途中になくなることがないように、フル充電したものを入れて撮影するように注意が必要だ。

［ 設定方法 ］

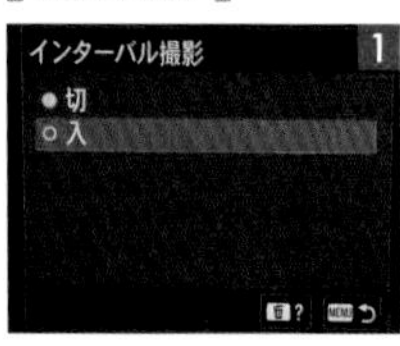

（撮影）から［ドライブモード］→［インターバル撮影機能］→［インターバル撮影］を［入］に設定する。

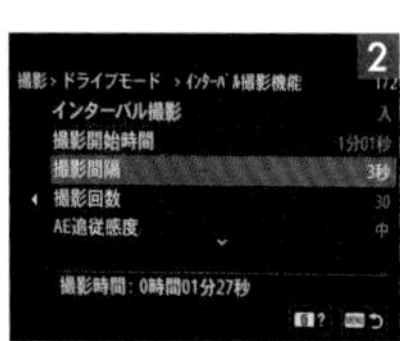

［インターバル撮影機能］から設定したい項目を選択し、希望の設定を選ぶ。

撮影開始時間を1秒に、撮影間隔を60秒に、撮影回数を40に、AE追従感度を高にして、18:28から19:07まで40枚をインターバル撮影した。Imaging Edge Desktop（→P.174）でつなげれば、陽が沈んだ直後の時間帯から暗くなって橋がライトアップされるまでのタイムラプス動画をつくることができる。

第9章

ソフトウェア

SECTION 01　Creators' Appでスマートフォンと連携する
SECTION 02　Imaging Edge Desktop
SECTION 03　Master Cut（Beta）で動画を編集する

SECTION 01 Creators' Appでスマートフォンと連携する

KEYWORD ▶ Creators' App

1 Creators' App をインストールする

Creators' Appはカメラとスマートフォンをつなぐアプリケーション。スマートフォンやタブレットにCreators' Appのアプリケーションをインストールしておくと、カメラで撮った写真をスマートフォンやタブレットに転送し、保存することができる。ダウンロードは無料だが、ソニーのアカウントが必要なので、事前に登録をしておこう。

[インストール方法]

Creators' Appをインストールする。

Creators' Appを起動し、「アカウント作成/サインイン」へ進み必要事項を入力する。

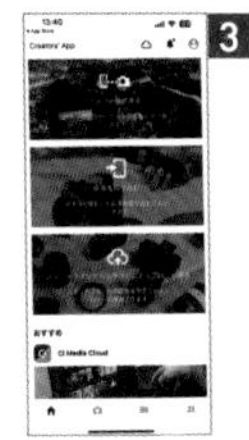

入力後、Creators' Appが使用できる。

2 カメラとスマートフォンを接続する

Creators' Appのインストールが終わったら、カメラ本体との接続（ペアリング）をしよう。接続前にはバッテリーの充電とCreators' Appを最新バージョンへアップデートしておくとよいだろう。

[設定方法]

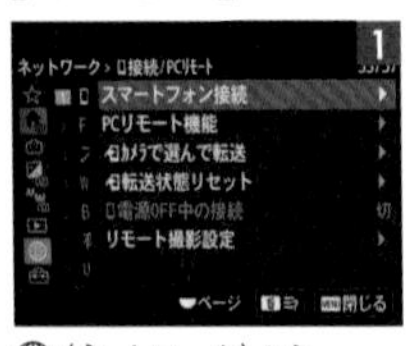

🌐（ネットワーク）から[接続/PCリモート]→[スマートフォン接続]を選ぶ。

🌐（ネットワーク）から[Bluetooth]→[Bluetooth機能]→[入]を選ぶ。

接続待機画面が表示されたら、スマートフォンでCreators' Appを起動する。

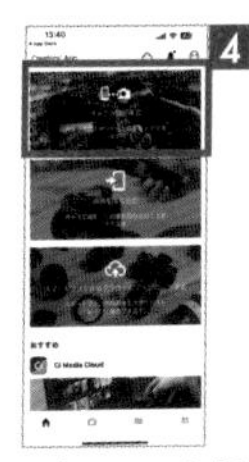

Creators' App から[カメラと接続する]を選ぶ。

本体とスマートフォンに表示されるコードが同一なのを確認したら、スマートフォンと本体で[ペアリング]を押す。

ペアリングが完了する。

3 カメラの画像をスマートフォンに転送する

スマートフォンがカメラとペアリングされていれば、カメラに保存された画像をスマートフォンへ転送ができる。転送方法は一枚だけではなく、複数枚や日付ごとに選ぶことも可能だ。

［ 設定方法 ］

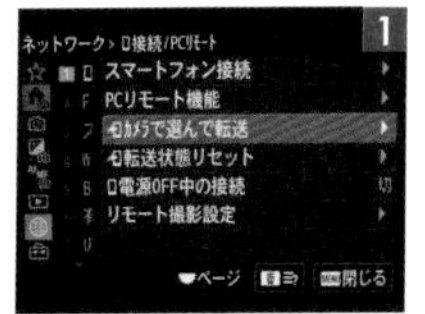

(ネットワーク)から[接続/PCリモート]→[カメラで選んで転送]を選ぶ。

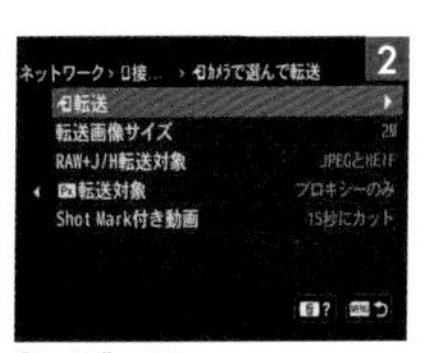

[転送]を選ぶ。

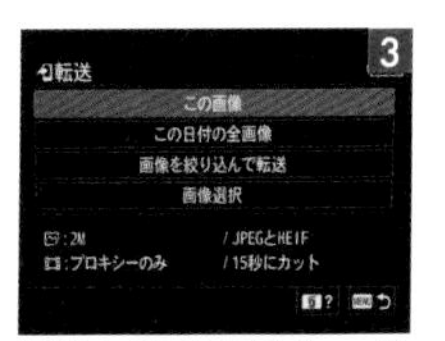

転送する画像を選ぶ。一枚だけであれば「この画像」を選ぶ。

転送したい画像を選び、コントロールホイールの中央を押すとチェックマークが入る。

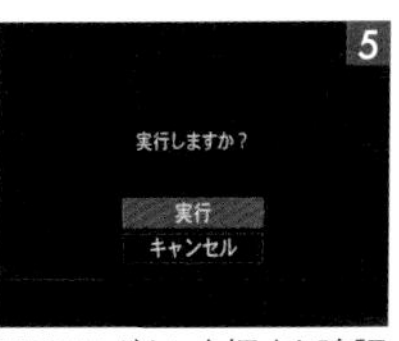

MENUボタンを押すと確認画面になり、「実行」を選ぶと転送される。

転送された画像はCreators' Appの「ストレージ」に保存される。

第9章 ソフトウェア

4 スマートフォンでカメラのシャッターを切る

カメラ本体とのBluetooth接続によって、スマートフォンがリモコン代わりとなり、離れた場所からシャッターが切れるリモート撮影が可能だ。撮影に加え、撮影前のアングルチェックや録画中の動画のモニタリング、撮影した写真の確認もスマートフォンの画面で手軽に行える。

[設定方法]

スマートフォンのCreators' Appを起動し、[リモート撮影]をタップする。

スマートフォンにリモート撮影の画面が表示される。

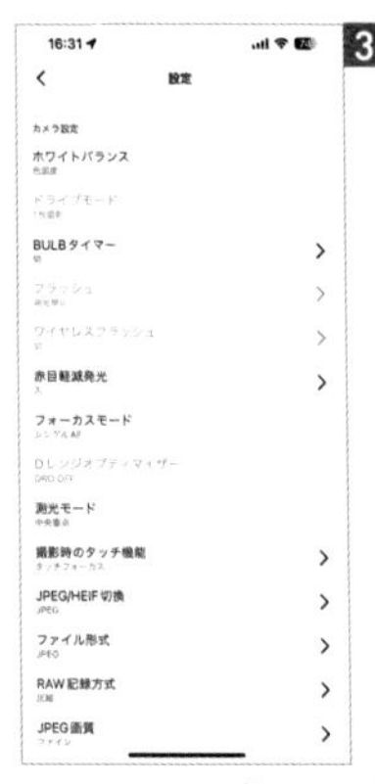

MENUをタップすると、各設定が行える。

スマートフォンからカメラの設定が行える(ここでは[明るさ(EV補正)]を設定)。

○を押すと、シャッターが切れる。カメラ側で[スマートフォン操作]を[切]にすると、リモート撮影が終了する。

写真が撮影された。写真はCreators'Appの[ストレージ]とスマートフォン内のアルバムに保存される。

5 Creators' Cloudに画像をアップする

Creators'Appに保存した画像はクラウドストレージ（Creators' Cloud）にアップすることが可能だ。カメラやスマートフォンの保存容量の節約だけでなく、いざというときのバックアップとしても活用していこう。撮影した画像をさまざまなデバイスから確認できるので、すぐに編集作業に移ることができるだろう。

［ 設定方法 ］

HOMEの「スマートフォンからクラウドにアップロードする」をタップする。

「アップロードする画像を選ぶ」をタップ。

右上の「選択」をタップして、アップロードする画像を選ぶ。

画面下中央のアイコンをタップする。

クラウドのアップロード先を選び、「OK」をタップする。

アップロードが成功するとクラウドに画像が表示される。

SECTION 02 Imaging Edge Desktop

KEYWORD ▶ Imaging Edge Desktop ▶ RAW現像

1 Imaging Edge Desktopをインストールする

Imaging Edge Desktopは、撮影と作品制作の効率と画質を追求するために作られたソフトウェアで、Remote（リモート撮影）、Viewer（画像セレクト）、Edit（RAW現像）と3つのカテゴリーに分かれている。それぞれのソフトウェアは起動後に、画面左上の切り換えボタンでほかの機能に切り換えて使うことができる。

［設定方法］

左のQRコードからアクセスし、Windowsまたは Macの［ダウンロード］をクリックする。

ダウンロードが完了したら、「ied_1_2_00」をダブルクリックする。インストール先を確認後、インストールをする。

［インストールが完了しました。］と表示されたら、［閉じる］をクリックする。

インストール後、自動的にImaging Edge Desktopが起動する。Remote/Viewer/Editの各種機能をダウンロードする。

Imaging Edgeプライバシーポリシーが表示されるので、［同意してアプリを開始する］をクリックする。

アプリを起動すると、ファイルから画像を取り込むことができる。

2 Imaging Edge Desktopでできること

Imaging Edge Desktopはリモート撮影→画像セレクト→RAW現像と撮影フローが連動しているため、効率よく作業が進められる。リモート撮影は「テザー撮影」とも呼ばれ、カメラとパソコンを接続し、撮影した画像をダイレクトにパソコンの画面で表示して確認でき、そのまま保存もできる撮影スタイルのこと。「Remote」でリモート撮影した画像をそのまま「Viewer」を開いて確認&セレクトし、最後に「Edit」を開いて画像を編集することで、クオリティーの高い作品作りが行える。

https://support.d-imaging.sony.co.jp/app/imagingedge/ja/
Imaging Edge Desktopは3つのソフトウェアでリモート撮影からRAW現像まで、効率のよい作品作りをサポートする。

[Imaging Edge Desktopでできること]

リモート撮影（Remote）	パソコンの大画面でピントの確認ができるほか、グリッドやガイド表示により精緻な構図調整も行える。また、エリア指定フォーカスやマニュアルフォーカスにより緻密なフォーカス調整ができる。
画像セレクト（Viewer）	撮影した画像を一覧表示できる。1〜5つ星をつけたり、色のラベルをつけてレーティングしたりすることで、大量の画像の中から簡単に画像を絞り込んで表示できる。
RAW現像（Edit）	明るさ、色合い、ホワイトバランスなどのほか、Dレンジオプティマイザーや高輝度色再現、周辺光量まで、カメラ内と同様の画像処理を行える。RAW現像後の画像はExportからTIFFやJPEGで保存できる。

3 Imaging Edge DesktopでRAW現像する

オーソドックスにRAW現像を行うなら、ソニーの純正ソフトウェアであるImaging Edge Desktopの「Edit」が便利だ。RAWで撮影すると、現像で調整を繰り返しても画質の劣化があまりないのがJPEGと違うところなので、ぜひRAWで撮影して現像をしてみてほしい。RAW現像後はTIFFまたはJPEGで保存できる。

[設定方法]

[Viewer]を起動し、RAW現像したいフォルダーを開く。

右上のアイコンで見やすい表示に切り換え、RAW現像を行うデータをダブルクリックする。

[Edit]が立ち上がる。

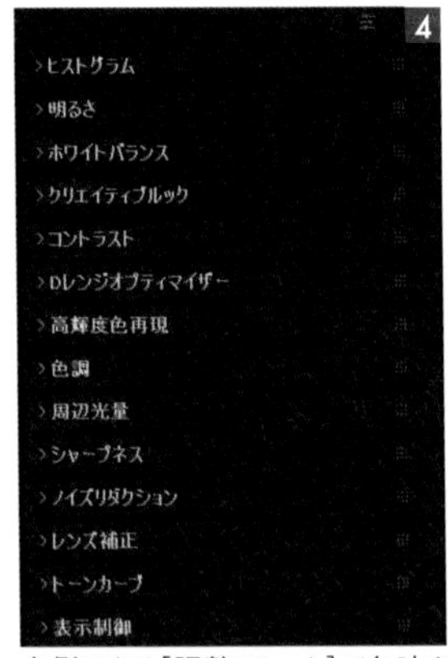

右側にある[調整パレット]で色味や露出などの調整を行う。

編集が完了したら、⇨をクリックする。

[ファイル形式]を[JPEGファイル]に設定し、[保存]をクリックすると、RAW現像した画像がJPEGで保存される。

4 構図調整

写真で伝えたい内容が伝わりやすくなるように、撮影時に撮影距離やレンズの画角、カメラ位置などを緻密に計算して、ノートリミングで完成が理想といえる。が、はじめのうちはなかなかに難しいかもしれない。そんなときはImaging Edge Desktopの「Edit」の出番となる。トリミングなどで構図調整することで、撮影後に撮影前にイメージしていた理想型に近づけることができる。

本書のP.5の写真だが、SNSにアップして、スマホの小さな画面で見る場合でもトリミングなしのままでいいかどうか、グリッドを表示して検証ができる。

5 フォーカス調整

撮影時に、すべてのブレに注意して、合わせるべき位置にフォーカスを合わせて完成するのが理想だが、微妙にブレしてしまったり、ピント位置が微妙に前後してしまった場合は、RAW現像で救済することができる。コントラストでコントラストを上げたり、シャープネスを調整したりすることで、甘く見えていた写真を甦らせることができる。

撮影したウミネコの写真のピントが甘くないかどうかをチェックするために、100%にして、ピクセル等倍まで拡大表示してピントのチェックをした。ピントは甘くなかったのでシャープネスは調整していない。

SECTION 03 Master Cut (Beta)で動画を編集する

KEYWORD ▶ Master Cut (Beta) ▶ 動画編集

1 Master Cut (Beta)をダウンロードする

ソニーの動画編集のクラウドサービス、Master Cut(Beta)は、現時点ではベータ版で、正式にリリースされるまでの期間限定で使うことができ、α7C IIも対応カメラとなっている。カメラのメタデータを生かした高速な画像解析で、手ブレ補正やレンズブリージング補正など、撮影後に高速・高精度に補正をすることができる。また、クラウドAIの解析によって、不揃いな音量を均一化したり、露出や色味を最適化し、クリップ間のばらつきを抑え、品質を整えてくれる。

https://creatorscloud.sony.net/catalog/ja-jp/mastercut/index.html

[設定方法]

サイト内の[無料で始める]をクリックする。

サインインIDとパスワードを入力し、ユーザー登録をする。

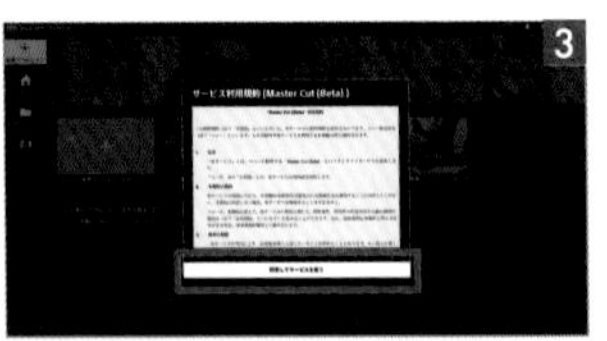

サービス利用規約が表示される。確認後、[同意してサービスを使う]をクリックする。

画面左上の[新規プロジェクト]をクリックする。

プロジェクトの名前を記入後、[作成]をクリックする。

2 動画を編集する

実際にサンプル動画をダウンロードして、Master Cut(Beta)に取り込むことができるので、まずはこちらで動画編集を体験してみるとよいだろう。サンプル動画は手持ち撮影したものなので、手ブレ補正の体験にも活用できる。

[基本の使い方]

動画をアップロードする。

編集したい動画を選択し、編集エリアに追加する。

プレビューで確認しながら、動画を編集する。

動画を出力して、他の動画編集ソフトで仕上げる。

クラウドステージプランの選択

Master Cut(Beta)は手ブレやブリージングの補正、音量の均一化、明るさや色味の最適化だけでなく、クラウドストレージもあるので、こちらも活用したい。ソニーのカメラユーザーにとって、ちょっとお得なクラウドストレージプランがあるので、ご紹介する。ソニーのCreators' Cloudに登録すると、クラウドのストレージを5GBまで無料で使うことができる(100GBと500GBのプランは有料)が、ソニーのカメラユーザーだけの限定のプランもある。持っているソニーのカメラを登録することで、通常は5GBまで無料のところを、25GBまで無料でストレージを使うことができるので、ぜひ活用していただきたい。

メニュー画面一覧

※静止画/動画/S&Q切換ダイヤルの位置によって、表示されるメニューが異なります。

★マイメニュー

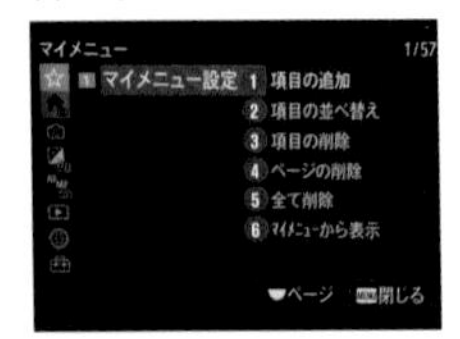

❶	項目の追加	マイメニューで選択できる項目を追加できる。
❷	項目の並べ替え	マイメニューに追加した項目を並べ替えることができる。
❸	項目の削除	マイメニューに追加した項目を1つずつ削除できる。
❹	ページの削除	マイメニューに追加した項目をページごとに削除できる。
❺	全て削除	マイメニューに追加した項目をすべて削除できる。
❻	マイメニューから表示	MENUボタンを押したときに、マイメニューから表示するように設定できる。

撮影

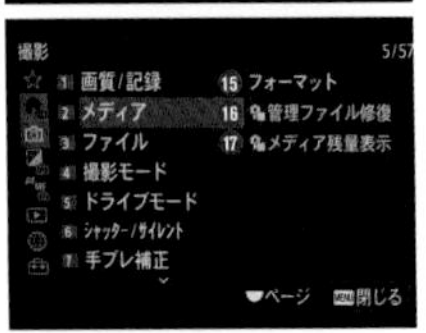

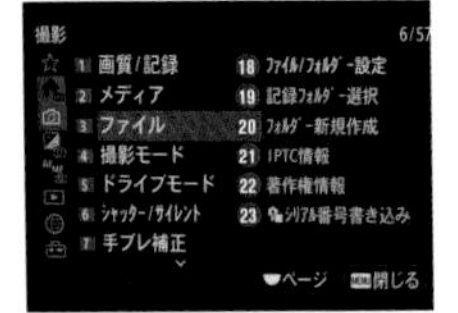

❶	JPEG/HEIF切換	静止画のファイル形式(JPEG/HEIF)を切り換える。
❷	ファイル形式	静止画を記録するときのファイル形式を設定する。
❸	RAW記録方式	RAW画像の記録方式を設定する。
❹	JPEG画質/HEIF画質	JPEG画像またはHEIF画像を記録するときの画質を設定する。
❺	JPEG画像サイズ/HEIF画像サイズ	JPEG画像またはHEIF画像のサイズを設定する。
❻	アスペクト比	静止画のアスペクト比を選択できる。
❼	記録方式	動画を記録するときの記録方式を設定する。
❽	動画設定	動画のフレームレート、ビットレート、色情報などを設定する。
❾	APS-C S35撮影	静止画撮影時はAPS-Cの画角、動画撮影時はSuper35mm相当の画角で記録するかどうかを設定する。[入]または[オート]に設定することで、APS-Cサイズ専用レンズも本機で使用可能。
❿	長秒時ノイズ低減	シャッタースピードを1秒以上にした場合のノイズ軽減処理を設定できる。
⓫	高感度ノイズ低減	ISO感度を高感度に設定して撮影した場合のノイズ軽減処理を設定する。
⓬	HLG静止画	HDR映像の規格であるHLG相当のガンマ特性を使用した、広色域な静止画を撮影するかどうかを設定する。
⓭	色空間	再現できる色の範囲を選択できる。
⓮	レンズ補正	レンズに起因する画面の歪みや色のずれなどを補正・軽減するかどうかを設定する。
⓯	フォーマット	メモリーカードの初期化の設定をする。
⓰	管理ファイル修復	画像の管理ファイルの修復を行える。
⓱	メディア残量表示	表示撮影可能な静止画の枚数と動画の時間を表示する。
⓲	ファイル/フォルダー設定	撮影する静止画のフォルダーやファイル名に関する設定をする。
⓳	記録フォルダー選択	選択フォルダーが2つ以上ある場合、撮影した画像の保存先を選択できる。
⓴	フォルダー新規作成	メモリーカード内に新しいフォルダーを作成する。
㉑	IPTC情報	静止画撮影時にIPTC情報を書き込むことができる。
㉒	著作権情報	静止画のファイルに著作権情報を書き込める。
㉓	シリアル番号書き込み	撮影時にカメラのシリアル番号を書き込める。

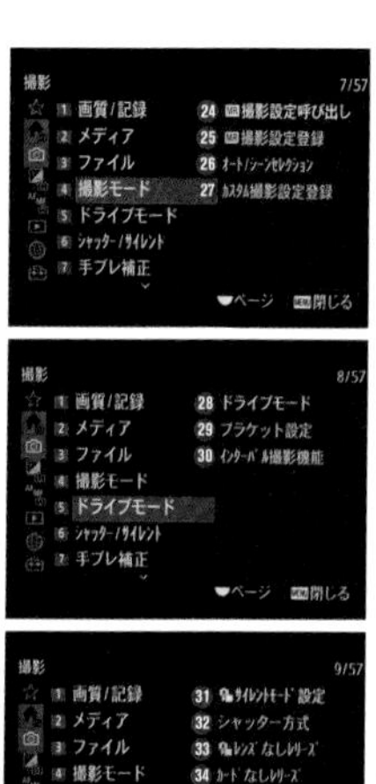

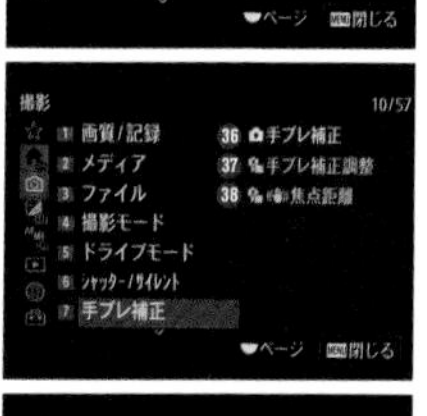

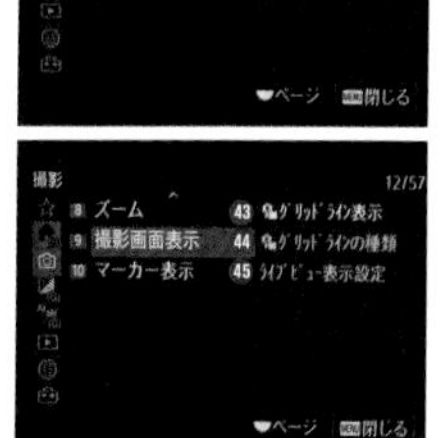

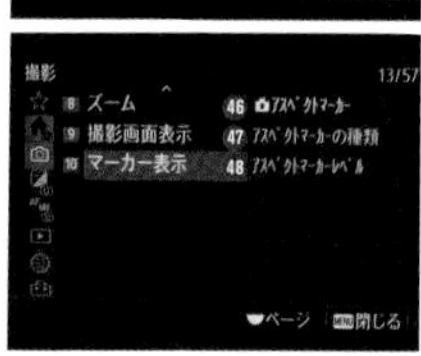

㉔ MR 撮影設定呼び出し	㉕で登録した設定を呼び出せる。
㉕ MR 撮影設定登録	撮影者の好みの設定を登録できる。
㉖ オート/シーンセレクション	静止画撮影モードでAUTOを選んだ場合に、撮影モードを［おまかせオート］か［シーンセレクション］のいずれにするかを設定する。
㉗ カスタム撮影設定登録	登録撮影時に呼び出したい機能をカスタムキーに登録できる。
㉘ ドライブモード	連続撮影やセルフタイマーなど、撮影方法を設定できる。
㉙ ブラケット設定	ブラケット撮影時の撮影順序などを設定できる。
㉚ インターバル撮影機能	インターバル撮影の詳細設定が行える。
㉛ サイレントモード設定	シャッター/電子音の有無を設定できる。
㉜ シャッター方式	メカシャッター方式と電子シャッター方式のどちらかを設定できる。
㉝ レンズなしレリーズ	レンズ未装着状態で、シャッターが切れるかどうかを設定できる。
㉞ カードなしレリーズ	メモリーカード未挿入状態で、シャッターが切れるかどうかを設定できる。
㉟ フリッカーレス設定	蛍光灯などのフリッカーを検知し、フリッカーを軽減して撮影するかどうかを設定できる。
㊱ 手ブレ補正	撮影時に手ブレ補正を有効にするかどうかを設定できる。
㊲ 手ブレ補正調整	手ブレ補正の［オート］か［マニュアル］かを設定できる。
㊳ 焦点距離	ボディ内蔵手ブレ補正で使う焦点距離情報を設定する。
㊴ ズーム	光学ズーム以外のズーム倍率を設定する。
㊵ ズーム範囲	ズーム範囲を設定できる。
㊶ カスタムキーズームスピード	カスタムキーでのズームスピードを設定する。
㊷ リモートズームスピード	リモート撮影機能を使ってズーム操作を行うときのズームスピードを設定する。
㊸ グリッドライン表示	構図合わせのための補助線（グリッドライン）を表示できる。
㊹ グリッドラインの種類	㊸のグリッドラインの種類を選択する。
㊺ ライブビュー表示設定	モニターに露出補正などの設定値を反映するかどうかを設定する。
㊻ アスペクトマーカー	静止画撮影時に、指定したアスペクト比のマーカーを撮影画面に表示できる。
㊼ アスペクトマーカーの種類	㊻のアスペクトマーカーの種類を選択する。
㊽ アスペクトマーカーレベル	表示するアスペクトマーカーの濃度を設定する。

露出/色

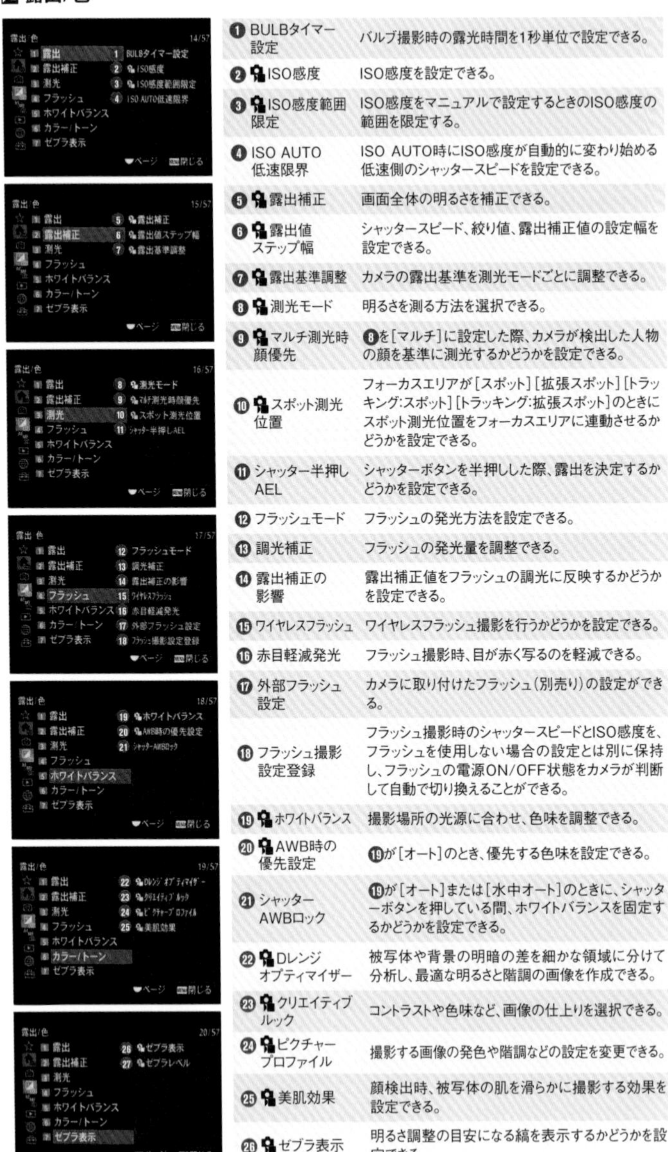

❶ BULBタイマー設定	バルブ撮影時の露光時間を1秒単位で設定できる。
❷ ISO感度	ISO感度を設定できる。
❸ ISO感度範囲限定	ISO感度をマニュアルで設定するときのISO感度の範囲を限定する。
❹ ISO AUTO低速限界	ISO AUTO時にISO感度が自動的に変わり始める低速側のシャッタースピードを設定できる。
❺ 露出補正	画面全体の明るさを補正できる。
❻ 露出値ステップ幅	シャッタースピード、絞り値、露出補正値の設定幅を設定できる。
❼ 露出基準調整	カメラの露出基準を測光モードごとに調整できる。
❽ 測光モード	明るさを測る方法を選択できる。
❾ マルチ測光時顔優先	❽を[マルチ]に設定した際、カメラが検出した人物の顔を基準に測光するかどうかを設定できる。
❿ スポット測光位置	フォーカスエリアが[スポット][拡張スポット][トラッキング:スポット][トラッキング:拡張スポット]のときにスポット測光位置をフォーカスエリアに連動させるかどうかを設定できる。
⓫ シャッター半押しAEL	シャッターボタンを半押しした際、露出を決定するかどうかを設定できる。
⓬ フラッシュモード	フラッシュの発光方法を設定できる。
⓭ 調光補正	フラッシュの発光量を調整できる。
⓮ 露出補正の影響	露出補正値をフラッシュの調光に反映するかどうかを設定できる。
⓯ ワイヤレスフラッシュ	ワイヤレスフラッシュ撮影を行うかどうかを設定できる。
⓰ 赤目軽減発光	フラッシュ撮影時、目が赤く写るのを軽減できる。
⓱ 外部フラッシュ設定	カメラに取り付けたフラッシュ(別売り)の設定ができる。
⓲ フラッシュ撮影設定登録	フラッシュ撮影時のシャッタースピードとISO感度を、フラッシュを使用しない場合の設定とは別に保持し、フラッシュの電源ON/OFF状態をカメラが判断して自動で切り換えることができる。
⓳ ホワイトバランス	撮影場所の光源に合わせ、色味を調整できる。
⓴ AWB時の優先設定	⓳が[オート]のとき、優先する色味を設定できる。
㉑ シャッターAWBロック	⓳が[オート]または[水中オート]のときに、シャッターボタンを押している間、ホワイトバランスを固定するかどうかを設定できる。
㉒ Dレンジオプティマイザー	被写体や背景の明暗の差を細かな領域に分けて分析し、最適な明るさと階調の画像を作成できる。
㉓ クリエイティブルック	コントラストや色味など、画像の仕上りを選択できる。
㉔ ピクチャープロファイル	撮影する画像の発色や階調などの設定を変更できる。
㉕ 美肌効果	顔検出時、被写体の肌を滑らかに撮影する効果を設定できる。
㉖ ゼブラ表示	明るさ調整の目安になる縞を表示するかどうかを設定できる。
㉗ ゼブラレベル	㉖のゼブラの輝度レベルを設定する。

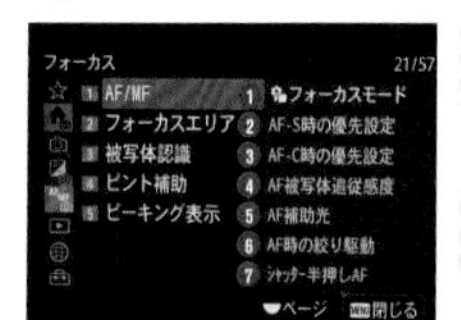

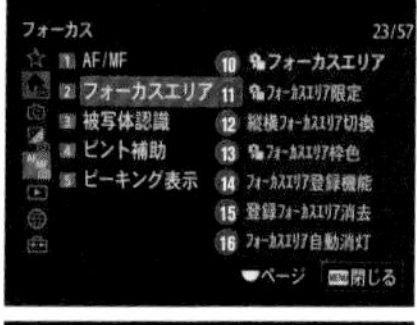

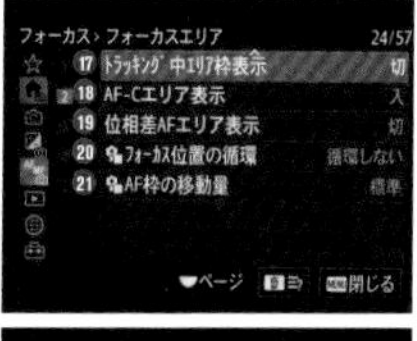

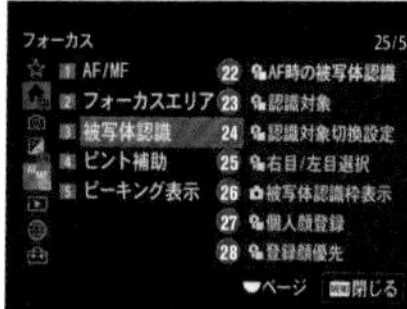

❶ フォーカスモード	ピント合わせの方法を選択できる。
❷ AF-S時の優先設定	フォーカスモードが[AF-S]、[DMF]、[AF-A]で静止している際にシャッターが切れるタイミングを設定できる。
❸ AF-C時の優先設定	フォーカスモードが[AF-C]、[AF-A]で被写体が動いている際にシャッターが切れるタイミングを設定できる。
❹ AF被写体追従感度	静止画撮影時のオートフォーカスの追従感度を設定できる。
❺ AF補助光	暗所での撮影時に補助光を発光するかどうかを設定できる。
❻ AF時の絞り駆動	レンズの絞り駆動方式を設定できる。
❼ シャッター半押しAF	シャッターボタンを半押しした際、オートフォーカスを有効にするかどうかを設定できる。
❽ フルタイムDMF	カメラやレンズがオートフォーカスに設定されていても、フォーカスリングを回すだけでいつでもマニュアルフォーカスモードにすることができる。
❾ プリAF	シャッターボタンを半押しする前から自動でオートフォーカスを有効にするかどうかを設定できる。
❿ フォーカスエリア	ピント合わせの位置を選択できる。
⓫ フォーカスエリア限定	フォーカスエリアの種類をあらかじめ限定し、[フォーカスエリア]選択時に目的の設定をすばやく選択できるように設定する。
⓬ 縦横フォーカスエリア切換	カメラの横位置、縦位置ごとに[フォーカスエリア]とフォーカス枠の位置を使い分けるかどうかを設定できる。
⓭ フォーカスエリア枠色	フォーカスエリアの枠の色を設定できる。
⓮ フォーカスエリア登録機能	静止画撮影時にフォーカス枠をあらかじめ登録した位置に一時的に移動させる機能を設定できる。
⓯ 登録フォーカスエリア消去	⓮で登録したフォーカス枠の位置を消去できる。
⓰ フォーカスエリア自動消灯	フォーカスエリア表示を表示するかどうかを設定できる。
⓱ トラッキング中エリア枠表示	フォーカスモードが[AF-C]でフォーカスエリアが[トラッキング]のとき、フォーカスエリアの枠を表示するかどうかを設定できる。
⓲ AF-Cエリア表示	フォーカスモードが[AF-C]時にフォーカスエリアを表示するかどうかを設定できる。
⓳ 位相差AFエリア表示	位相差AFのエリアを表示するかどうかを設定できる。
⓴ フォーカス位置の循環	フォーカス位置を選択するときに、一番端のフォーカス位置から反対側のフォーカス位置に循環して移動できるようにするかどうかを設定できる。
㉑ AF枠の移動量	フォーカスエリアが[スポット]などのときのフォーカス枠の移動量を設定できる。
㉒ AF時の被写体認識	オートフォーカスのときに、フォーカスエリア内にある被写体を認識してピントを合わせるかどうかを設定できる。
㉓ 認識対象	オートフォーカス時の被写体認識で認識する対象を選択できる。
㉔ 認識対象切換設定	カスタムキーに[認識対象切換]を割り当てたときに、カスタムキーで切り換えられる認識対象を設定できる。
㉕ 右目/左目選択	㉓を[人物]または[動物]に設定しているときに、左右どちらの瞳にピント合わせを行うかを設定できる。
㉖ 被写体認識枠表示	被写体を認識したときに被写体認識枠を表示するかどうかを設定できる。
㉗ 個人顔登録	優先してピントを合わせる人物の登録・編集が行える。
㉘ 登録顔優先	㉗で識別対象にした顔を、ピント合わせの時に優先するかどうかを設定できる。

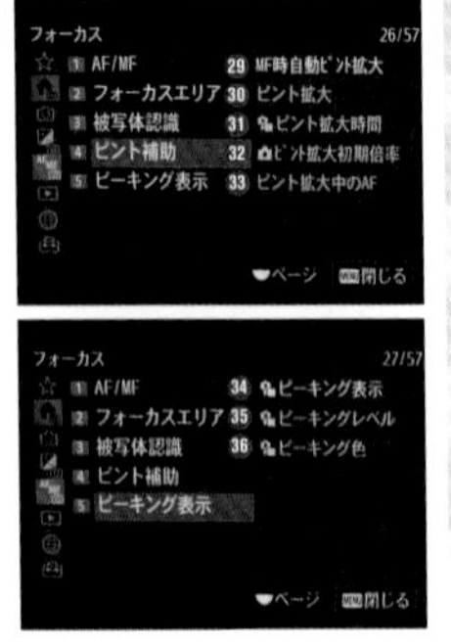

㉙ MF時自動ピント拡大	フォーカスモードが[MF]、[DMF]のときに画像を自動で拡大表示するかどうかを設定できる。
㉚ ピント拡大	撮影前に画像を拡大してピントが確認できる。
㉛ ピント拡大時間	㉚の拡大表示する時間を設定できる。
㉜ ピント拡大初期倍率	㉚で画像を拡大するときに最初に表示する倍率を設定できる。
㉝ ピント拡大中のAF	拡大表示中にオートフォーカスするかどうかを設定できる。
㉞ ピーキング表示	ピントが合った部分の輪郭を色で強調するピーキング表示をするかどうかを設定できる。
㉟ ピーキングレベル	㉞の強調するレベルを設定できる。
㊱ ピーキング色	㉞の色を選ぶことができる。

再生

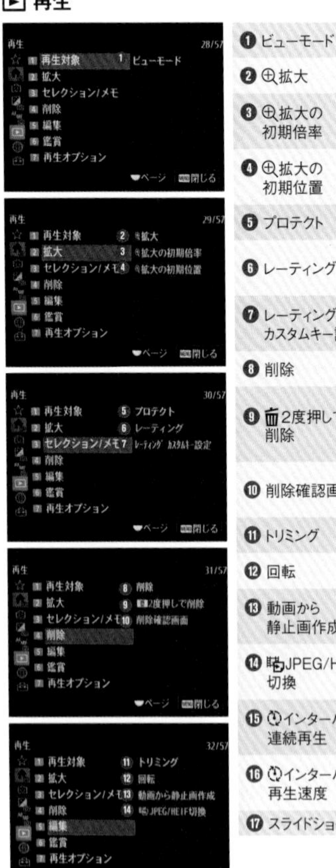

❶ ビューモード	画像を日付や動画フォルダーごとに再生できる。
❷ 拡大	再生画像を拡大して表示できる。
❸ 拡大の初期倍率	再生画像を拡大して表示するときの拡大の初期倍率を選べる。
❹ 拡大の初期位置	再生画像を拡大して表示するときの拡大の初期位置を選べる。
❺ プロテクト	画像を誤って消さないように保護できる。
❻ レーティング	撮影した画像に★の数(1〜5)を付けてランク分けができる。
❼ レーティングカスタムキー設定	カスタムキーで❻を割り当てたキーを使ってレーティングするときに選べる★の数を設定できる。
❽ 削除	不要な画像を削除できる。
❾ 2度押しで削除	画像を再生中に(削除)ボタンを2度続けて押すことで画像を削除できるようにするかどうかを設定できる。
❿ 削除確認画面	削除の確認画面で、[削除]と[キャンセル]のどちらが選択された状態にするかを設定できる。
⓫ トリミング	撮影した画像をトリミングできる。
⓬ 回転	画像を回転して表示できる。
⓭ 動画から静止画作成	動画から希望のシーンを切り出して静止画として保存できる。
⓮ JPEG/HEIF切換	静止画のファイル形式(JPEG/HEIF)を切り換える。
⓯ インターバル連続再生	インターバル撮影で撮影した画像を連続再生できる。
⓰ インターバル再生速度	⓯で静止画を連続再生するときの速度を設定できる。
⓱ スライドショー	画像を連続再生できる。

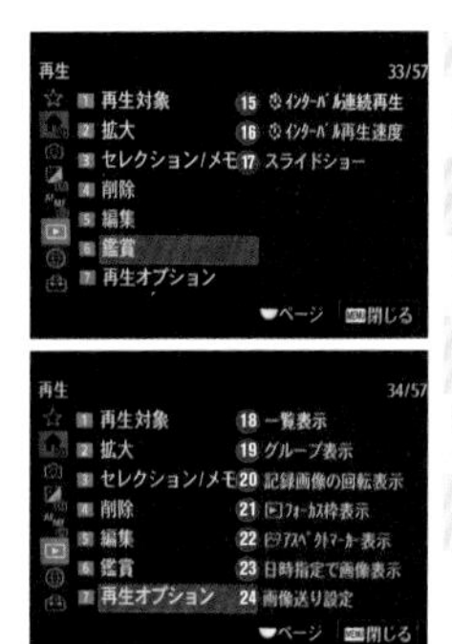

⑱ 一覧表示	画像を一覧表示できる。
⑲ グループ表示	連続撮影やインターバル撮影で撮影した画像をグループ化して表示するかどうかを設定できる。
⑳ 記録画像の回転表示	縦位置で記録した静止画の再生方法を設定できる。
㉑ フォーカス枠表示	静止画を再生するときに、ピントが合ったエリアにフォーカス枠を表示するかどうかを設定できる。
㉒ アスペクトマーカー表示	撮影時に表示したアスペクトマーカーを静止画再生時に表示できる。
㉓ 日時指定で画像表示	撮影日時を指定して画像を再生できる。
㉔ 画像送り設定	画像再生時のジャンプ移動に使用するダイヤルや、ジャンプ移動する方法を設定できる。

ネットワーク

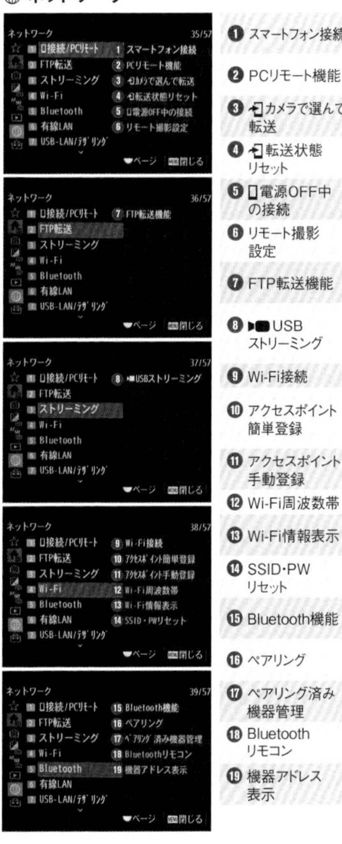

❶ スマートフォン接続	スマートフォン用アプリケーションCreators' Appを使用するために、カメラとスマートフォンを接続する。
❷ PCリモート機能	Wi-FiやUSB接続によってパソコンからカメラを操作したり、撮影した画像をパソコンに保存したりできる。
❸ カメラで選んで転送	カメラで画像を選択してスマートフォンに動画や静止画を転送できる。
❹ 転送状態リセット	スマートフォンに転送した画像の転送状態をリセットできる。
❺ 電源OFF中の接続	カメラの電源OFF中に、スマートフォンからのBluetooth接続を受け付けるかどうかを設定できる。
❻ リモート撮影設定	スマートフォンを使ったリモート撮影時に保存される画像について設定できる。
❼ FTP転送機能	FTPを使った画像転送の設定が行える(FTPサーバーに関する知識が必要)。
❽ USBストリーミング	カメラにパソコンなどを接続し、カメラの映像と音声をライブ配信やWeb会議サービスに利用することができる。
❾ Wi-Fi接続	カメラのWi-Fi機能を使用するかどうかを設定できる。
❿ アクセスポイント簡単登録	アクセスポイントのWi-Fi Protected Setup(WPS)ボタンを使って、アクセスポイントを登録できる。
⓫ アクセスポイント手動登録	手動でアクセスポイントを登録できる。
⓬ Wi-Fi周波数帯	Wi-Fi通信の周波数を設定できる。
⓭ Wi-Fi情報表示	本機のWi-FiのMACアドレスやIPアドレスなどの情報が表示できる。
⓮ SSID・PWリセット	スマートフォンとの接続やパソコンとのWi-Fiダイレクト接続を行う際の接続情報をリセットできる。
⓯ Bluetooth機能	α7C IIとスマートフォンをBluetooth接続するための設定を行える。
⓰ ペアリング	カメラとスマートフォンまたはBluetoothリモコンをペアリングできる。
⓱ ペアリング済み機器管理	カメラとペアリングした機器のペアリング情報を確認・削除できる。
⓲ Bluetoothリモコン	α7C II対応のBluetoothリモコンを使ってカメラを操作できる。
⓳ 機器アドレス表示	カメラのBDアドレスを表示できる。

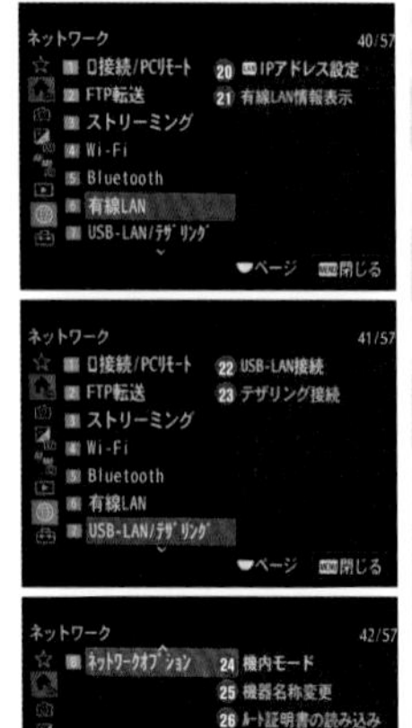

⑳ LAN IPアドレス設定	有線LANのIPアドレス設定を自動と手動のどちらで行うかを設定できる。
㉑ 有線LAN情報表示	本機の有線LANのMACアドレスやIPアドレスなどの情報を表示できる。
㉒ USB-LAN接続	USB-LAN変換アダプターを使用してネットワークに接続する。
㉓ テザリング接続	スマートフォンのテザリング接続を使用してネットワークに接続する。
㉔ 機内モード	飛行機などに搭乗するとき、Wi-Fiなど無線に関する機能の設定を一時的にすべて無効にできる。
㉕ 機器名称変更	Wi-Fi接続時、[PCリモート]での接続時、Bluetooth接続時の機器名称を変更できる。
㉖ ルート証明書の読み込み	サーバーを検証するために必要なルート証明書をメモリーカードから読み込むことができる。
㉗ アクセス認証設定	スマートフォンのリモート撮影や画像転送、PCリモートの接続時に、カメラとデバイス間の通信を暗号化できる。
㉘ アクセス認証情報	アクセス認証を使ってカメラをパソコンやスマートフォンに接続するときに必要な情報を表示する。
㉙ ネットワーク設定リセット	ネットワークに関する設定を買い上げ時の設定に戻す。

セットアップ

❶ エリア/日時設定	カメラを使用するエリア、サマータイムの有無、日付表示形式、日時を設定する。
❷ 設定リセット	カメラ購入時の設定にリセットできる。[初期化]を選ぶと、すべての設定を初期化する。
❸ 設定の保存/読込	本機の設定をメモリーカードに保存したり、保存した設定を読み込んだりできる。
❹ カスタムキー/ダイヤル設定	静止画撮影時のカスタムキーに割り当てるボタン・ダイヤルの機能を設定できる。
❺ カスタムキー/ダイヤル設定	動画撮影時のカスタムキーに割り当てるボタン・ダイヤルの機能を設定できる。
❻ カスタムキー設定	再生時のカスタムキーに割り当てるボタン・ダイヤルの機能を設定できる。
❼ Fnメニュー設定	Fnボタンで表示する機能を設定できる。
❽ 静止画/動画独立設定	静止画・動画撮影で設定値を共通または別々にするかを項目ごとに選べる。
❾ DISP(画面表示)設定	DISPボタンを押してモニターやファインダーに表示する情報の種別を設定できる。
❿ シャッターボタンでREC	MOVIE(動画)ボタンの代わりにシャッターボタンで動画撮影の開始/停止を行える。
⓫ カスタムキー/ダイヤル設定	静止画撮影時のカスタムキーに割り当てるボタン・ダイヤルの機能を設定できる。
⓬ カスタムキー/ダイヤル設定	動画画撮影時のカスタムキーに割り当てるボタン・ダイヤルの機能を設定できる。
⓭ マイダイヤル設定	ダイヤルに好みの機能を割り当てた組み合わせを「マイダイヤル」として3つまで登録できる。
⓮ Av/Tvの回転方向	前ダイヤル、後ダイヤルL、後ダイヤルR、コントロールホイールで絞り値やシャッタースピードを変更する際の回転方向を設定できる。
⓯ ファンクションリング(レンズ)	レンズのファンクションリングに、電動フォーカスまたはフルサイズとAPS-C/Super35mmの画角を切り換える機能を割り当てるかを設定できる(対応レンズのみ)。
⓰ ダイヤル/ホイールロック	Fn(ファンクション)ボタンを長押しして、ダイヤルとホイールをロックするかどうかを設定できる。

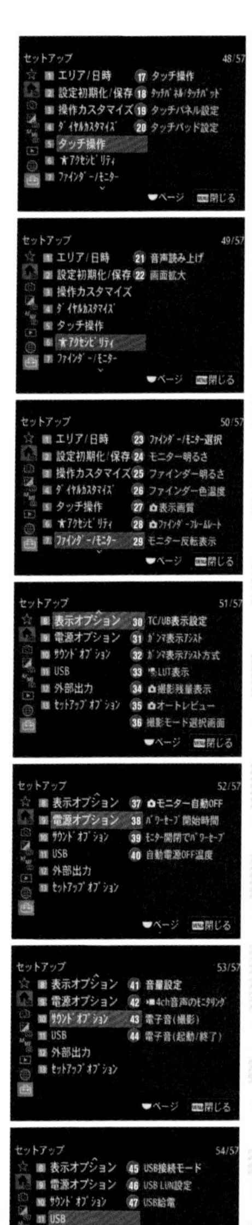

⑰ タッチ操作	モニターのタッチ操作を有効にするかどうかを設定できる。
⑱ タッチパネル/タッチパッド	モニター撮影時のタッチパネル操作、ファインダー撮影時のタッチパッド操作のどちらを有効にするかを設定できる。
⑲ タッチパネル設定	タッチパネルの設定ができる。
⑳ タッチパッド設定	タッチパッドの設定ができる。
㉑ 音声読み上げ	画面上のテキストなどの情報を音声で読み上げる機能を設定できる。
㉒ 画面拡大	メニュー画面を拡大して表示することができる。
㉓ ファインダー/モニター選択	ファインダーとモニターの表示切り換え方法を設定できる。
㉔ モニター明るさ	モニターの明るさを調整できる。
㉕ ファインダー明るさ	ファインダーの明るさを調整できる。
㉖ ファインダー色温度	ファインダーの色温度を調整できる。
㉗ 表示画質	表示画質を変えることができる。
㉘ ファインダーフレームレート	静止画撮影時のファインダーのフレームレートを変更できる。
㉙ モニター反転表示	モニターの開き方や向きに応じて、画像やメニュー画面を反転して表示することができる。
㉚ TC/UB表示設定	動画の記録時間カウンター、タイムコード(TC)、ユーザービット(UB)の表示を設定できる。
㉛ ガンマ表示アシスト	S-Log/HLGを適用した動画を表示するときに、見やすくするために画面を変換して表示できる。
㉜ ガンマ表示アシスト方式	㉛の変換方式を設定できる。
㉝ LUT表示	動画撮影時のモニター映像や再生映像にLUTをあてた状態で表示することができる。
㉞ 撮影残量表示	静止画撮影時に、速度が低下せずに連続して撮影できる枚数の目安を表示するかどうかを設定できる。
㉟ オートレビュー	撮影直後に、撮影した画像を表示するかどうかを設定できる。
㊱ 撮影モード選択画面	撮影モードを選択する画面を表示するかどうかを設定できる。
㊲ モニター自動OFF	静止画撮影時、自動でモニターを消灯するかどうかを設定できる。
㊳ パワーセーブ開始時間	操作していないときにパワーセーブモードになるまでの時間を設定できる。
㊴ モニター開閉でパワーセーブ	モニターを開いたときや内側にして閉じたときの、パワーセーブ(省電力)モードの連動を有効にするかどうかを設定できる。
㊵ 自動電源OFF温度	撮影時に本機の電源が自動で切れる温度を設定できる。
㊶ 音量設定	動画再生時の音量を設定できる。
㊷ 4ch音声のモニタリング	4チャンネルで動画の記録・再生をするとき、ヘッドホン端子に接続した機器でモニタリングする音声を設定できる。
㊸ 電子音(撮影)	撮影時の電子音を鳴らすかどうかを設定できる。
㊹ 電子音(起動/終了)	起動時や終了時に、電子音を鳴らすかどうかを設定できる。
㊺ USB接続モード	接続するパソコンやUSB機器に合わせてUSB接続の方法を設定できる。
㊻ USB LUN設定	USB接続の設定を[マルチ]、[シングル]から選べる。
㊼ USB給電	α7C IIとパソコン、またはUSB機器をUSBケーブルで接続するとき、USB給電するかどうかを設定できる。

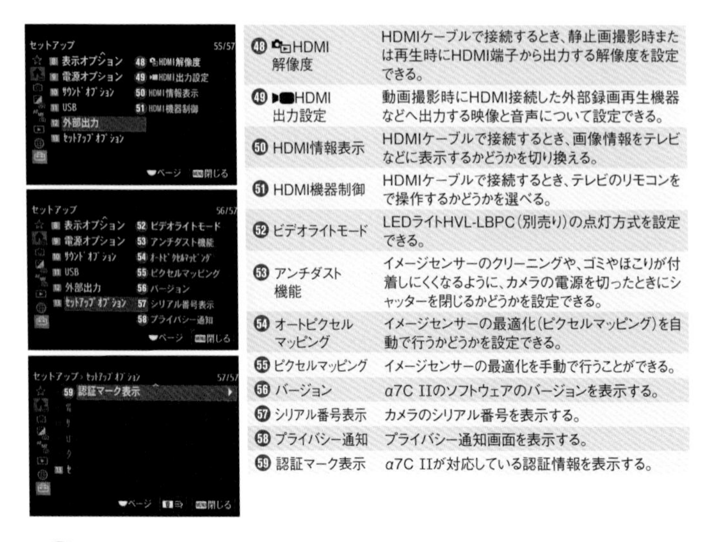

㊽ HDMI解像度	HDMIケーブルで接続するとき、静止画撮影時または再生時にHDMI端子から出力する解像度を設定できる。
㊾ HDMI出力設定	動画撮影時にHDMI接続した外部録画再生機器などへ出力する映像と音声について設定できる。
㊿ HDMI情報表示	HDMIケーブルで接続するとき、画像情報をテレビなどに表示するかどうかを切り換える。
51 HDMI機器制御	HDMIケーブルで接続するとき、テレビのリモコンで操作するかどうかを選べる。
52 ビデオライトモード	LEDライトHVL-LBPC(別売り)の点灯方式を設定できる。
53 アンチダスト機能	イメージセンサーのクリーニングや、ゴミやほこりが付着しにくくなるように、カメラの電源を切ったときにシャッターを閉じるかどうかを設定できる。
54 オートピクセルマッピング	イメージセンサーの最適化(ピクセルマッピング)を自動で行うかどうかを設定できる。
55 ピクセルマッピング	イメージセンサーの最適化を手動で行うことができる。
56 バージョン	α7C IIのソフトウェアのバージョンを表示する。
57 シリアル番号表示	カメラのシリアル番号を表示する。
58 プライバシー通知	プライバシー通知画面を表示する。
59 認証マーク表示	α7C IIが対応している認証情報を表示する。

付録2 本体ソフトウェアのアップデート

α7C IIは、常に最適な機能·性能を提供するため、本体ソフトウェアの更新を行っている。アップデート方法はCreators'Appから行うことができる。アップデートの際はカメラのバッテリーをフル充電にしておくようにしよう。いつも最適な状態で撮影できるよう、ソフトウェアの定期的なバージョン確認と、アップデートも忘れずに行ってほしい。

［ アップデートの手順 ］

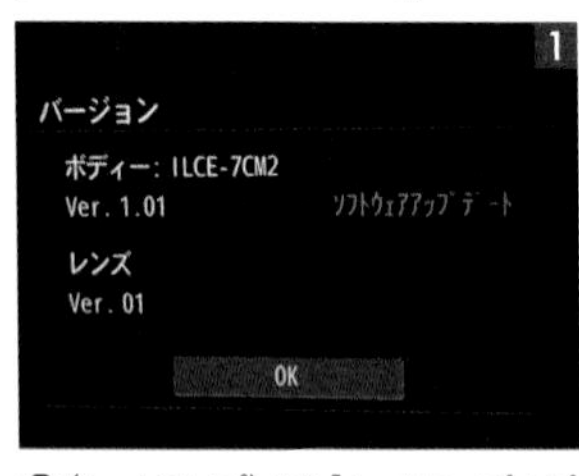

(セットアップ)から［セットアップオプション］→［バージョン］を選び、現在の本体ソフトウェアのバージョンを確認する。

Creators' App下部のカメラのアイコンをタップし、［アップデート］をタップする。

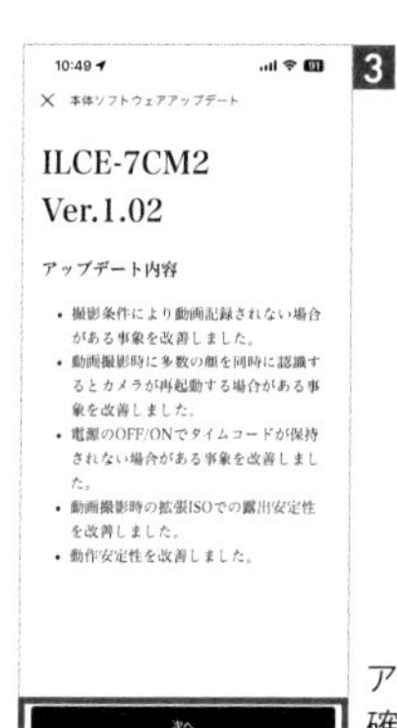

アップデート内容を確認し、[次へ]をタップする。

使用許諾を確認し、[同意してダウンロード]をタップする。

[ダウンロード]をタップする。

ファイルのダウンロードが終わったら[ファイルにカメラを転送する]をタップする。

ファイルがカメラに転送されたらCreators'Appの[閉じる]をタップする。

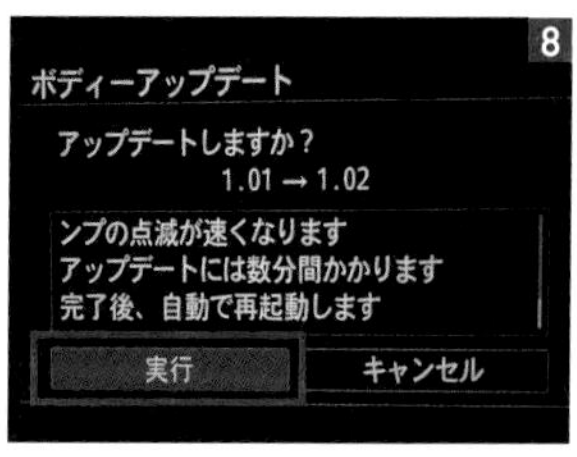

カメラ本体にアップデートのファイルが転送されたら、[実行]を選ぶ。

INDEX

数字・アルファベット

4K動画……152
AF-A……40
AF-C……41、48、54
AF-ONボタン……50、106
AFトランジション速度……166
AF乗り移り感度……166
AF-S……46、54
AF/MF切換……72
APS-C……30
AWB……117
Creators' App……170
DISPボタン……23、25
DMF……41、72
Dレンジオプティマイザー……126
Eマウントレンズ……100
Fnボタン……112
HEIF……20
Imaging Edge Desktop……174
ISO AUTO……83
ISO感度……82
JPEG……20
Log（S-Log）……149
Master Cut(Beta)……178
MF……40、70
RAW……20
RAW現像……176
S-Cinetone……160

あ

アクティブモード……155
アスペクト比……30
後ダイヤル（L/R）……16
アンチダスト機能……19
色温度……118
インターバル撮影……168
親指AF……50

か

拡張スポット……42
カスタムキー……57、102、106
カスタム撮影設定……106
カスタムセット（ホワイトバランス）117
カスタムルック……123
画像サイズ……21
カラーフィルター（色温度）……119
ガンマ表示アシスト……151
協調制御……33
記録設定……148
記録方式……148
クリエイティブルック……120
グリッドライン……28
グループ表示……131
車/列車……65
広角ズームレンズ……94
光学ズーム……143
高分解シャッター……140
昆虫……64
コントロールホイール……17

さ

再生……26
サイレント撮影……136
削除……27
絞り駆動……55
絞り優先（Aモード）……76
シャッタースピード優先（Sモード）……78
初期化（メモリーカード）……18
水準器……29
スポット……42、47
スポット測光……85、87
スマートフォン……170
スロー&クイックモーション……162
ゼブラ表示……89
セルフタイマー……132
ゾーン……42、49
測光モード……84、86

た

タッチシャッター……69

タッチ操作……35
タッチパネル/タッチパッド……35
タッチフォーカス……68
単焦点レンズ……98
中央固定……42
超解像ズーム……142
超広角ズームレンズ……95
超望遠ズームレンズ……97
デジタルズーム……143
手ブレ補正……32、155
電子音……34
動物/鳥……63
トラッキング……44、58
鳥……63

な

日中シンクロ……146

は

ハイキー……81
ハイライト重点……85
バッテリー……18、37
バリアングルモニター……164
バルブ撮影……90
パワーセーブモード……36
パンフォーカス……77
非圧縮RAW……21
ピーキングレベル……71
ピクチャープロファイル……150
飛行機……65
被写体認識AF……56~67
ビットレート……148
美肌効果……124
標準ズームレンズ……92
ピント拡大……55、70
ファイル形式……20
ファインダー……22
フォーカスエリア……42
フォーカスエリア登録……43
フォーカススタンダード……43
フォーカスホールド……52
フォーカスマップ……156
フォーカスモード……40
フォーカスロック……53
ブラケット撮影……134
プラス補正……80
フラッシュ……128、144
ブリージング補正……154
フリッカーレス撮影……138
フルタイムDMF……72
フレームレート……163
プログラムオート(Pモード)……75
望遠ズームレンズ……96
ホワイトバランス……116

ま

マイダイヤル……103
マイナス補正……80
前ダイヤル……16
マーカー表示……29
マクロレンズ……99
マニュアル露出(Mモード)……88
マルチ測光……85、87
右目/左目選択……62
メニュー画面……38
モードダイヤル……16、74
モニター……24

ら

連続撮影……130
ローキー……81
露光間ズーム……93
露出基準調整……86
露出補正……80
ロスレス圧縮RAW……21

わ

ワイド……42、48

■ お問い合わせの例

FAX

1 お名前
技評 太郎

2 返信先の住所またはFAX番号
03-××××-××××

3 書名
今すぐ使えるかんたんmini
SONY α7C II 完全撮影マニュアル

4 本書の該当ページ
163ページ

5 ご質問内容
120fpsで撮影できない

今すぐ使えるかんたんmini SONY α7C II 完全撮影マニュアル

2024年6月28日 初版 第1刷発行
2024年9月13日 初版 第2刷発行

著者	山田芳文＋MOSH books
発行者	片岡 巌
発行所	株式会社技術評論社 東京都新宿区市谷左内町21-13 電話 03-3513-6150 販売促進部 03-3513-6160 書籍編集部
編集	青木宏治／MOSH books
作例	山田芳文
物撮り撮影	工藤寛顕
カバーデザイン	田邉恵里香
カバー撮影	和田高広
本文デザイン	Zapp!
製本／印刷	TOPPANクロレ株式会社

定価はカバーに表示してあります。

落丁・乱丁がございましたら、弊社販売促進部までお送りください。交換いたします。本書の一部または全部を著作権法の定める範囲を超え、無断で複写、複製、転載、テープ化、ファイルに落とすことを禁じます。

©2024 MOSH books

ISBN978-4-297-14261-2 C3055
Printed in Japan

お問い合わせについて

本書に関するご質問については、本書に記載されている内容に関するもののみとさせていただきます。本書の内容と関係のないご質問につきましては、一切お答えできませんので、あらかじめご了承ください。また、電話でのご質問は受け付けておりませんので、必ずFAXか書面、Webフォームにて下記までお送りください。
なお、ご質問の際には、必ず以下の項目を明記していただきますようお願いいたします。

1 お名前
2 返信先の住所またはFAX番号
3 書名
（今すぐ使えるかんたんmini
SONY α7C II完全撮影マニュアル
4 本書の該当ページ
5 ご質問内容

なお、お送りいただいたご質問には、できる限り迅速にお答えできるよう努力いたしておりますが、場合によってはお答えするまでに時間がかかることがあります。また、回答の期日をご指定なさっても、ご希望にお応えできるとは限りません。あらかじめご了承くださいますよう、お願いいたします。ご質問の際に記載いただきました個人情報は、回答後速やかに破棄させていただきます。

問い合わせ先

〒162-0846
東京都新宿区市谷左内町21-13
株式会社技術評論社 書籍編集部
「今すぐ使えるかんたんmini
SONY α7C II 完全撮影マニュアル」質問係

FAX番号
03-3513-6167

Webお問い合わせURL
https://book.gihyo.jp/116
※Webブラウザーに上記URLを入力すると、書籍のお問い合わせフォームが表示されます。